好食尚

蒸煮炖卤
一锅搞定

杨桃美食编辑部 主编

U0284972

江苏凤凰科学技术出版社　　凤凰含章

用电锅无油烟轻松做菜

电锅的功能和用途除了煮饭外，还可以几道菜一起蒸、煮、炖、卤。利用电锅替亲爱的家人做顿饭，真的是件容易又方便的事，只要将食材放进内锅，在外锅加入适量水后，盖上锅盖、按下开关，时间到开关自然会跳起来，完全不必操心食物会不小心煮到烧焦！利用电锅蒸煮的这段时间，还可以去做别的事情呢，完全符合现代人方便又省时的概念。

电锅料理最适合外出求学的学生，或是住在小套房怕油烟的人，就连一般家庭也适用，只要有一台电锅，除了能煮饭、热菜外，还能一锅同时做三道菜、迅速吃晚餐，包含餐后的甜点、汤品也毫不费力就轻松上桌。电锅除了做无油烟料理外，更可广泛运用在日常生活中，如蒸煮炒煎焖炖烤，电锅的所有妙用这里都有。400多种电锅料理、美味通通搞定，全都收录在本书中！

本书所使用的电锅

　　世界上第一台电锅是在日本诞生的，中国第一台电锅是大同电锅，具有煮饭、熬粥及蒸、煮、炖、卤等功能，在20世纪五六十年代是家家必备的电器。

　　"大同电锅"的加热方式是采隔水加热。利用外锅和内锅的间热式电锅，高热的蒸气渗透至食物内部加热，让食物在烹煮过程中不翻滚，保持食物原味，营养也不易流失，是烹煮健康食物很好的炊具。本书所有菜谱做法均是使用这种锅，而"电饭锅"是直热式电锅，内外锅合一，免去外锅加水的程序。

全书固体：1大匙≈15克，1小匙≈5克，1杯≈227克

全书液体：1大匙≈15毫升，1小匙≈5毫升，1杯≈240克

书中所用油若无特别说明均为色拉油，不再赘述。

目录 CONTENTS

最受欢迎电锅家常菜

电锅也能做卤味

好喝的汤品一次搞定

电锅炖补真方便

煮饭煮粥一锅就饱

甜点点心一锅搞定

超便利一锅三菜

电锅常识 大集合

用电锅烹饪的好处

1 间热式烹调，营养不流失：食物中所富含的营养成分与特殊风味，容易在直接加热的过程中被破坏及流失殆尽，不断地翻滚转动，也会使食物变得老涩无味，而电锅以隔水加热食物，就是利用热蒸气包围食物，以蒸的方式让热力均匀分布渗透，食物不直接受热，不翻滚转动，所以能保留营养，不失美味、而且更加鲜嫩可口。

2 炖煮一次完成：可以利用内锅和蒸盘，同时煮饭、炖汤或蒸鱼，一次完成，省去许多时间，也节省电力。

3 自动控制火候大小、定时装置：现代新型电锅可以控制温度和烹调时间，不必时时查看锅内的食物，或随时翻。

4 容易收拾：由于不会制造油烟，内锅清洗方便，而外锅也只要用湿布擦拭即可。

5 随时保温：放在电锅中保温，可以随时吃到暖呼呼的食物，不必反复加热。

电锅的选用须知

1 可依个人需求选择电锅材质：过去的电锅多为铝制品，铝锅不耐高温，长期加热，有碍健康，然而铝制材质虽然易变形，但是容易导热也比较轻巧，比起不锈钢材质，加热时间较短。而不锈钢材质，则具有不易沾锅、容易清洗的优点，消费者可依个人需求加以选。

2 选购时更应该注意插座、插头、电线和电锅本体的接合情况，查看是否有破损、变形或裂缝的情况出现，并且可以用手轻按电锅的开关，检查开关是否正常弹起，如果功能一切正常，才能确保使用的安全。

电锅烹调技巧 大解析

好用的电锅，是很多人都很喜欢的厨房用品，不过对于如何用对技巧烹饪，一知半解的人仍旧为数不少。"到底怎样的料理分量，要加多少水？""内锅怎么摆才对？"……，如果这些问题，也让您感到困难无力，那么就从现在开始，用心地学会以下所有的电锅烹调技巧吧！学会后，一定可以让您在制作电锅料理时，得到事半功倍的效果！

1. 加水量影响炖煮时间长短

因为电锅是借由水蒸煮间接加热法烹调，所以外锅水量的多少，除了直接影响到炖煮时间的长短外，也会影响食物的美味，通常1/2杯量杯的水，可以蒸10分钟，1杯水约可蒸15~20分钟，2杯水则可蒸30~40分钟，如果炖煮不易熟的食材，可以增加外锅的水量，以延长炖煮时间，但是续加水时，一定要用热水，以免锅内温度顿时骤降，影响烹调时间与味道，此外，调味料如盐在起锅前加最好。

2. 依照面食特点，决定入锅时机

如用电锅蒸煮生的包子、馒头等发酵的料理时，要等到外锅的水沸腾，锅子冒出蒸汽后放入。

3. 内锅宜放入外锅正中央

这是因为如果将内锅偏于一侧，煮出来的食物会受热不平均，且其锅盖上的水蒸气，会在蒸时，沿着靠外锅壁的内锅，流入内锅的料理中，这样易使料理走味。

4. 依食材易熟度，调整加热时间

如果是不易熟的食材，可以先加热炖煮，待开关跳起后，再续加入易熟的食材，并在外锅加入足够的冷水，等到开关第二次跳起即完成。

5. 内锅要配合外锅的高度

不要使用超过外锅高度过高的内锅，以免锅盖盖上后无法密合，且加热后，所产生于锅盖内的蒸汽，更会流入内锅中，失去饭菜应有风味。

6. 用于保温料理，不宜超过12小时

料理用于电锅保温时，不要将饭勺、汤匙等器具放于锅内，且要盖好锅盖，以免饭菜走味，保温时间最好不要超过12小时。

电锅功能大搜索

蒸

　　将食物放入蒸盘，外锅加水，利用蒸气将食物蒸熟，不但食物的营养不流失，还可以保住食物的原味。用电锅蒸鱼时，不用担心鱼肉太老太硬，可先在外锅加水，打开开关，并盖上锅盖，等看到锅子冒出蒸气时，再将食物放进蒸盘中，蒸出来的鱼肉较新鲜。

炒

　　家里缺口炒菜锅吗？只要在电锅内放个小内锅，接上电源、打开开关，倒入少许油再加入食材，就可以炒出美味的家常菜啰！

煮

　　别以为利用电锅煮饭很简单，其实要煮出软硬适中、香喷喷的一锅饭，也是有学问的喔！首先将米洗净后，加入适量的水，倒入内锅，最好能浸泡30分钟以上再煮，等开关跳起来后，最好再焖上15分钟，才掀开盖子，如此一来米饭更加香软可口，保温时也比较不易干黄变质。而添好饭后，要将锅盖确实盖好，如果没有完全盖好，容易造成米饭干燥、变色，发出异味。

　　电锅最早的设计，是用来煮饭的，可是随着大家善用电锅的巧思，现在想用电锅直接煮火锅非常简单。

煎

　　想象不到吧！将内锅取出后，光运用电锅，也可以轻松的煎出香喷喷的饺子。

卤

　　无须担心难以掌握火候炉火，只要将想卤的食材放入电锅中，就可以毫不费力地等着美味上桌。

炖

将食材放入内锅中，在外锅加入适量的水，利用电锅炖煮食物，由于食物没有经过翻搅，炖煮出来的汤汁较不浑浊，口感清爽。

做点心

有了电锅，就可以享受家乡味的各式点心，包括：蒸包子、馒头、做红豆年糕及豆沙年糕、萝卜糕。因为许多传统点心，秘诀就在蒸的功夫上，利用电锅做点心，口感更佳。

锡箔纸包菜，一锅多菜

菜可用锡箔纸包裹，放入一起蒸，可一次做多样菜，也可避免蒸的过程中水分流失。

双层架使用

使用电锅内附配件当格层，就可以巧妙的同时用一个电锅做出多样菜。

自动控制火候大小、定时装置

现在的电锅可以控制温度和烹调时间，不必时时查看锅内的食物或随时翻。

间热式烹调，营养不流失

食物中富含的养分和风味，容易在直接加热的过程中被破坏，电锅以隔水加热的方式炊煮，食物不直接受热，也较能保留美味和营养。

随时保温

放在电锅中保温，可以随时吃到暖呼呼的食物，也不必反复加热。

三层架使用

利用筷子当格层，不会占太多空间，也可以用层层迭迭的方式，放入多盘菜。

增加蒸笼配件应用更广

有了电锅可以增 不锈钢蒸笼，具备蒸气孔、特殊收纳，蒸笼与内锅可同时蒸煮及炖卤食物，搭配使用灵活方便，蒸气孔位于最外围，水气凝结不会滴到食物，蒸煮食物营养不流失，美味又可口，特殊收纳设计，收藏方便，适合10~11人份电锅使用。

加热包子馒头

冷冻包子与馒头，最适合用电锅蒸热（用微波炉加热容易变硬），从冰箱中取出后不需退冰，直接放在电锅层架上，外锅加水，盖上锅盖、按下开关，没多久包子与馒头就又热又柔软了，当早餐或点心最方便。

蒸粽子

每年端午节总是会包一大串的粽子，吃不完冷冻起来可以保存较久，不论北部粽、南部粽，冰得硬梆梆的粽子，也是用电锅来加热最方便喔，不需退冰，可放在容器内或电锅层架上，外锅加水，盖上锅盖、按下开关，开关跳起就香味四溢。

回温加热披萨

披萨（pizza）一买就是一大个，一餐吃不完，凉了又失去风味，电锅受热较均匀且不易烤焦，加热后会比较接近刚出炉时的口感。

烤乌鱼子

电锅煮完食物后，可利用锅内的余热，快速将切片乌鱼子放入外锅底部烧烤（注意底部要干燥），烤好的乌鱼子可当开胃前菜，或配酒配茶都不错喔！

豆 浆用电锅煮

自己做豆浆，最后一步骤是加热煮熟，通常用煤气灶煮，要用小火慢慢煮，但豆浆又是浓稠的液状，若火候一旦没控制好，稍不注意底部就容易烧焦、产生焦味，改用电锅煮豆浆，温度一致、没有加热不均的情形产生，让豆浆更香浓美味喔！

喜 饼加热

传统喜饼（大饼）内馅常包肉脯、咖喱等口味，有些口味冷了之后吃起来会略显油腻，建议可以略加热温温的吃，会比较松软、口感会更好喔！

奶 瓶高温杀菌

婴幼儿、小朋友的奶嘴奶瓶最需要保持清洁，清洁之后还需要高温消毒杀菌，洗净的奶瓶放入电锅中蒸干水分，利用电锅的高温可达到杀菌的目的。

当 成焖烧锅

食物在煤气灶上煮完后，难煮的食物，可放入不插电的电锅中加盖焖放，利用内部密闭循环，达到类似焖烧锅的功能，让食物软化熟透。

温 热清酒

搭配日本料理常喝的清酒，温温热热才好喝，清酒可以用电锅来加热，风味不流失。

蒸 饺、蒸烧卖

电锅可以做煎饺也可以做蒸饺，港式茶楼最爱的烧卖、蒸饺，全都可以用电锅快速加热喔！

烫 青菜

电锅也可以烫青菜喔！内锅放入水煮滚，中途开盖加入切好的青菜，依青菜软硬度不同，略焖约1~3分钟待青菜软后，即可打开取出，淋上酱料即可食用。

收 纳食物

食物一餐吃不完，下一餐又要食用时，可以不用放冰箱，这时可放入电锅里当成收纳，不但防蚊虫，也避免菜一直放在餐桌上，接触空气易流失水分。

当 作发酵箱

有些面团需要放入发酵箱里等待发酵，但一般家庭可能没有发酵箱，这时可以利用电锅来当作发酵箱，让面团膨胀发酵。

做 麻团

水和糯米粉拌匀，分成数颗放入电锅中蒸至透明后，先取出混合成团后再放入电锅中蒸熟即可。

制 作布丁

外锅加水预热，将盛入容器中的布丁直接放入电锅中蒸即可。

烤 面包

做好的面团放入电锅内锅中，外锅加水烤到干，透过电锅热气让面团预热膨大烤成面包。

轻 打发一餐

将洗好的米、调味料和其他食材全部放入内锅中，在外锅加入水，按下电锅开关，一碗美味好吃的菜饭就可轻松上桌啰！

电锅清洁&保养有诀窍

使用软刷擦拭，勿用钢刷

清洗电锅时，不要用钢刷用力刷洗，这样很容易刮伤锅面，导致受热不均匀或食物沾黏锅壁的现象。

特殊不沾材质用布擦拭即可

有时电锅内用的是不沾的特殊材质，所以只要用简单的棉布擦拭干净即可。

白醋水清洁消异味

白醋加水稀释后，倒入锅内清洁，可适时的清除锅内的异味。

可使用中性清洁剂

避免使用强酸强碱，锅面容易被破坏。

倒除水并擦干防发霉

电锅每次使用完毕，要记得将锅内多余的水倒除，且让锅内完全干燥，以避免长期焖盖导致发霉。

锅盖锅身可用牙膏擦拭保洁

电锅盖或锅身，用久了容易沾上油渍或污渍，此时可沾上少许牙膏擦拭后，再用纸巾擦干净后就光亮如新了。

最受欢迎
电锅家常菜
ELECTRIC POT

厨房只要有了一台电锅，几乎所有家常菜都可以利用电锅来做。电锅最原始的功能是用来蒸与煮，本篇就采用这两种烹饪方式，加上一些小技巧与调味方式，做出一道道诱人的佳肴。即使只是蒸煮，变化就能如此多，电锅可真是厨房必备的方便器具。

电锅蒸煮 好吃有学问

蒸煮肉类秘诀

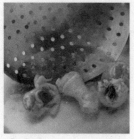

汆烫
蒸煮前先用热水汆烫，不仅可以去除血水杂质，还可锁住肉类的肉汁，增添美味。

腌渍
将要蒸煮的肉类，先与酱料搅拌均匀，并静置5～10分钟入味，再用来蒸煮味道更棒。

切块片
将肉类于蒸煮前先切成块或片状，除了可以帮助腌渍时更容易入味，也能节省烹调时间。

辛香料
一般肉类都会有肉腥味，而必备的去腥物就是辛香料，其中以大蒜和红辣椒最为普遍，除了去腥之外，还具有增添菜肴颜色和杀菌等功能。

焖锅
在蒸煮肉类时，当电锅跳起或煮滚后，可用余温再稍微焖一下，这样能让肉吃起来软又多汁。

捞泡
在蒸煮肉类时，通常会产生杂质泡泡，起锅前可用汤匙捞除，避免破坏菜肴的色香味。

蒸煮海鲜秘诀

解冻
有些海鲜是冷冻保藏的，在烹调前要先冲冷水，或者直接浸泡在冷水中，让它完全解冻后再处理。

吸干
在蒸海鲜之前，可先用厨房纸巾把水分吸干，再腌渍或铺上蒸酱，可避免多余的水分破坏蒸海鲜的鲜味。

腌渍
蒸煮海鲜料理之前，先将海鲜食材跟酱料搅拌均匀，并静置5～10分钟入味，蒸煮出来的味道会更棒。

调味料
有的人不擅长烹调海鲜，是因为不知如何处理海鲜腥味，其实只要加入米酒跟香油，就能有效去除腥味，并增添鲜香味。

包膜
在蒸料理前，包保鲜膜需封紧，避免过多水蒸气破坏料理的鲜味，而封紧蒸出来会有真空状态，才是封紧的证据。

起锅时间
当电锅跳起或煮滚后，就要马上起锅，避免海鲜蒸煮过熟，失去弹性，吃起来就不够可口。

蒸煮蔬食秘诀

刨丝切块

蒸煮蔬食前，先将比较难熟的根茎类，刨丝切块，除可节省烹调时间，也避免将食材蒸煮过热而不好吃。

过油

蔬食蒸煮前，先过油除了可以让食材定色，还可以避免食材糊化，这样才能蒸煮出好看又好吃的蔬食。

水量

入电锅煮时，要让水量跟锅的大小适宜，水量高度超过食材，才能让食材均匀受热。

去蒂

在处理会滚动的蔬果时，可以先去蒂，这样就能平放在砧板上，再剖开切块，以免不小心切到手。

下锅顺序

下锅煮时，可按照食材特性依序下锅，可避免食材有的已软烂有的不熟，才能吃到蔬食的鲜脆。

冷发泡

泡发香菇等干货时，最好用冷水，因为热水会破坏干货特有的香味物质，减低烹调后的食材香气。

蒸煮豆腐、蛋秘诀

洗蛋

烹调蛋料理前，用冷水先洗过，可以将蛋壳上的杂质洗干净，增加烹煮时的卫生安全。

检查

为了不用到坏掉的蛋，可以先把蛋敲开一一检查，避免都敲开在一起后，才发现有坏的，就会浪费掉其他好的蛋。

用冷水

下锅煮蛋时，不要一开始就用热水来煮，因为蛋壳碰到热水易龟裂，用冷水慢慢煮至滚才能煮出漂亮的水煮蛋。

过筛

将打匀的蛋液先用筛子过筛，可以减少打蛋时出现的泡沫以及没混合均匀的调味料，让做出来的蛋好看又好吃。

去泡

将蛋液倒入容器时，有时还是会产生气泡，这时候可用牙签挑除气泡，这样就能令蛋蒸出平滑的表面。

包膜

在蒸豆腐时，包保鲜膜时需留下空间，避免蒸的过程中，豆腐被热气压扁，影响菜肴外观。

01 粉蒸排骨

材料 ingredient

排骨··················300克
蒜末··················20克
姜末··················10克
荷叶···················1张
蒸肉粉··············3大匙

调味料 seasoning

辣椒酱··············1大匙
酒酿··················1大匙
甜面酱··············1小匙
细砂糖··············1小匙
水 ···············50毫升
香油··················1大匙

做法 recipe

1. 排骨洗净沥干水分（见图1）。
2. 将排骨及姜末、蒜末与除香油外的所有调味料一起拌匀，腌渍约5分钟（见图2）。
3. 于腌好的排骨加入蒸肉粉拌匀，洒上香油。荷叶放入滚沸的水中烫软，捞出洗净，备用（见图3）。
4. 将荷叶摊开，放入蒸肉粉裹好的排骨（见图4），再将荷叶包起，放置盘上。将盘子放入电锅内，外锅加1.5杯水蒸约30分钟后取出，打开荷叶即可。

02 蒜香排骨

材料 ingredient

排骨	200克
蒜酥	30克
蒜末	10克
葱段	适量

调味料 seasoning

酱油	2大匙
细糖	1小匙
淀粉	1小匙
水	2大匙
米酒	1大匙
香油	1小匙

做法 recipe

1. 排骨洗净剁小块，将排骨及蒜酥、蒜末及所有调味料一起拌匀后放入盘中。
2. 电锅外锅倒入1杯水，放入做法1的盘子。
3. 按下开关蒸至开关跳起后撒上葱段即可。

03 南瓜排骨

材料 ingredient

排骨·············· 200克
南瓜·············· 200克
蒜末·············· 10克

调味料 seasoning

盐················ 1/3小匙
细糖·············· 1小匙
水················ 4大匙
米酒·············· 1大匙
香油·············· 1小匙

做法 recipe

1. 排骨洗净剁小块；南瓜去皮去籽后切小块，备用。
2. 将排骨块及南瓜块、蒜末及所有调味料一起拌匀后放入盘中。
3. 电锅外锅倒入1杯水，放入盘子，按下开关蒸至开关跳起后即可。

04 栗子蒸排骨

材料 ingredient

排骨250克、栗子10颗、莲子50克、胡萝卜10克、竹笋120克

调味料 seasoning

鸡粉1小匙、酱油1小匙、米酒1大匙、盐、白胡椒粉各少许、香油1小匙

做法 recipe

1. 先将排骨切成小块状，再放入滚水中氽烫，去除血水后捞起备用。
2. 将栗子、莲子放入容器中泡水约5小时，再将栗子以纸巾吸干水分，放入约190℃的油锅中，炸至金黄色备用。
3. 把竹笋、胡萝卜洗净切成块状备用。
4. 取一盘，加入排骨、栗子、莲子、竹笋、胡萝卜，再加入所有的调味料。
5. 用耐热保鲜膜将盘口封起来，再放入电锅中，于外锅加入1.5杯水，蒸约22分钟即可。

05 菠萝蒸仔排

材料 ingredient

仔排200克、菠萝罐头230克、玉米笋3支、香菇2朵、蒜2瓣

调味料 seasoning

黄豆酱适量

做法 recipe

1. 将仔排切成小块状，再放入滚水中氽烫，去除血水后捞起备用。
2. 将玉米笋切段；香菇切成4瓣；蒜瓣切片；菠萝滤去水分后留果肉备用。
3. 取一盘，加入仔排、玉米笋、香菇、蒜片、菠萝，再放入黄豆酱。
4. 用耐热保鲜膜将盘口封起来，再放入电锅中，于外锅加入1.5杯水，约蒸20分钟至熟即可。

06 鱼香排骨

材料 ingredient
小排骨300克、蒜末30克、姜末30克

调味料 seasoning
A. 盐1/8小匙、糖1/6小匙、淀粉1小匙、水20毫升、米酒1大匙
B. 辣椒酱1大匙、酱油1小匙、白醋1小匙、细糖1小匙、水30毫升、淀粉1/2小匙、香油10毫升

做法 recipe
1. 小排骨剁小块，冲水洗去血水后沥干。
2. 将沥干后的排骨及调味料A一起拌匀腌渍5分钟后装盘备用。
3. 将调味料B及蒜末、姜末拌匀成酱汁淋至做法2的排骨上。
4. 电锅外锅倒入1杯水，放入做法3的盘子，按下开关蒸至开关跳起即可。

07 蚝油蒸小排

材料 ingredient
小排300克

调味料 seasoning
蚝油2大匙、香油1小匙、姜末1小匙、蒜末1大匙、葱末1小匙、辣椒末1小匙、淀粉1大匙

做法 recipe
1. 小排切块冲水洗净；调味料混合均匀备用。
2. 将混合后的调味料放入小排中搅拌均匀，腌渍约30分至入味。
3. 腌渍好的排骨放入蒸盘中，取一电锅于外锅加入1.5杯水，放入做法2的小排蒸熟即可。

08
豉汁蒸排骨

材料 ingredient

腩排⋯⋯⋯ 300克
蒜末⋯⋯⋯ 1大匙
豆豉⋯⋯⋯ 1大匙
陈皮末⋯⋯1/2小匙
葱花⋯⋯⋯ 1小匙
色拉油⋯⋯ 1大匙

调味料 seasoning

蚝油⋯⋯⋯ 1大匙
酱油⋯⋯⋯ 1小匙
糖⋯⋯⋯⋯ 1小匙
盐⋯⋯⋯⋯1/2小匙

做法 recipe

1. 腩排剁小块，放置水龙头下冲水约30分钟去腥，再沥干备用。

2. 豆豉泡水10分钟后沥干、切碎；陈皮末泡水至软，备用。

3. 热锅加色拉油，放入蒜末以小火炸至金黄，再放入豆豉碎、陈皮末略炒后取出，与所有调味料拌匀，加入排骨腌渍约30分钟备用。

4. 将腌渍好的排骨放入电锅中，外锅加1杯水，蒸约20分钟取出后撒上葱花即可。

09 芋头焖排骨

材料 ingredient

排骨	200克
芋头	200克
蒜末	10克
辣椒片	10克

调味料 seasoning

盐	1/3小匙
细糖	1小匙
水	4大匙
米酒	1大匙
香油	1小匙

做法 recipe

1. 排骨洗净剁小块；芋头去皮切小块，备用。
2. 将排骨及芋头、蒜末、辣椒片及所有调味料一起拌匀后放入盘中。
3. 电锅外锅倒入1杯水，放入盘子，按下开关蒸至开关跳起后即可。

10 芋头炖排骨

材料 ingredient

排骨	500克
芋头块	200克
青葱段	适量
水	500毫升

调味料 seasoning

盐	1/4小匙

做法 recipe

1. 将排骨洗净沥干备用。
2. 取锅，放入排骨、芋头块、青葱段和调味料。
3. 将所有食材放入电锅中，外锅加入4杯水，按下电锅开关煮至开关跳起，且芋头软化即可。

🍲 小常识

芋头处理起来可能有些麻烦，建议可以直接在超市或传统市场里买炸过的芋头，和排骨一起炖煮，不仅味道更香，也更容易入味。

11 豆豉蒸里脊肉

材料 ingredient

猪里脊肉………	2片
蒜头…………	3瓣
青葱…………	1棵
红辣椒………	1/3个

调味料 seasoning

豆豉酱………… 适量

做法 recwipe

1. 先将猪里脊肉用拍肉器稍微拍打，再用菜刀去筋备用。
2. 把蒜头、红辣椒切片；青葱切成段状备用。
3. 取一盘，放入猪里脊肉，再放上蒜片、红辣椒、青葱与豆豉酱，用耐热保鲜膜将盘口封起来。
4. 将盘子放入电锅中，于外锅加入1杯水，蒸约15分钟至熟即可。

12 西红柿豆腐肉片

材料 ingredient

老豆腐	200克
肉片	60克
西红柿	100克
葱段	适量

调味料 seasoning

番茄酱	1大匙
盐	1/4小匙
细糖	1/2小匙

做法 recipe

1. 老豆腐切丁，将豆腐汆烫约10秒后沥干装盘备用。
2. 西红柿切片与肉片及所有调味料拌匀后淋至做法1的豆腐上。
3. 电锅外锅倒入1/2杯水，放入做法2的盘子，按下开关蒸至开关跳起后，撒上葱段即可。

13 肉酱烧土豆

材料 ingredient

土豆	2个
罐头肉酱	1小罐

做法 recipe

1. 土豆洗净去皮切条（见图1）。
2. 将土豆条间隔错开堆放在略有深度的盘子中。
3. 打开罐头肉酱，以汤匙挖取平均撒在迭好的土豆上（见图2）。
4. 在电锅外锅中加入约1杯的水（见图3），放入做法3（见图4）按下电锅开关蒸至开关跳起即可。

14 蒜泥五花肉

材料 ingredient

五花肉……………… 300克

调味料 seasoning

蒜泥………………… 1/2小匙
香油………………… 1/4小匙
酱油…………………1小匙
番茄酱……………… 1/4小匙

做法 recipe

1. 将五花肉加入少许水放入电锅内，外锅加入3杯水，按下电锅开关煮至开关跳起，待五花肉软化时取出切片盛盘。
2. 所有的调味料混合拌匀，再搭配做法1的五花肉一同食用。

15 竹荪蒸层肉

材料 ingredient

三层肉（五花肉）200克、竹笋50克、胡萝卜10克、大蒜2个、竹荪3根

调味料 seasoning

米酒1大匙、香油1小匙、鸡粉1小匙、盐、白胡椒粉各少许

做法 recipe

1. 先将三层肉、竹笋切成片状，再放入滚水中氽烫去除表面脏污，捞起备用。
2. 把胡萝卜、大蒜切片；将竹荪泡入水中至软，去沙备用。
3. 再将氽烫好的三层肉与竹笋放入盘中，并放入所有材料和调味料。
4. 用耐热保鲜膜将盘口封起来，再放入电锅中，于外锅加入1杯水，蒸约15分钟即可。

16 苦瓜蒸肉块

材料 ingredient

五花肉··············250克
苦瓜················1/3个
梅干菜··············50克

调味料 seasoning

酱油················1小匙
糖·················1小匙
盐·················少许
白胡椒粉············少许
香油···············1小匙

做法 recipe

1. 五花肉切成块状,再将五花肉放入滚水中汆烫,去除血水后捞起备用。
2. 苦瓜洗净后去籽切成块状;梅干菜泡入水中去除盐味,再切成块状备用。
3. 取一盘,将五花肉、苦瓜、梅干菜与所有调味料一起加入。
4. 用耐热保鲜膜将盘口封起来,再放入电锅中,于外锅加入一杯半水,约蒸20分钟至熟即可。

17 梅干菜烧肉

材料 ingredient

五花肉条600克、梅干菜120克、蒜头5瓣、辣椒1个、水适量（可盖过电锅中食材）

调味料 seasoning

酱油1大匙、米酒2大匙、香油1大匙、鸡粉1大匙、糖1小匙

做法 recipe

1. 五花肉条切块；梅干菜洗净切段；蒜头拍裂；辣椒切丁，备用。
2. 电锅预热，在外锅中加少许色拉油，放入蒜、辣椒炒出香气来，再加入五花肉条。
3. 盖上锅盖焖一下，让五花肉条煮到表面泛白。
4. 打开锅盖加入做法1的梅干菜、酱油、米酒、糖与鸡粉，再加水到淹过食材，盖上锅盖，焖煮约35~40分钟即可。

18 土豆咖喱牛杂

材料 ingredient

土豆	约150克
胡萝卜	约150克
洋葱	50克
牛杂	300克
咖喱块	适量

做法 recipe

1. 土豆、胡萝卜去皮切块；洋葱切片；牛杂用热水冲过，备用。
2. 将所有材料放入内锅中，加入可淹过材料的水量，外锅倒2杯水，盖上盖子、按下开关，待开关跳起，将咖喱块用少量热水融开，再加入内锅中搅拌匀。
3. 在外锅倒1/2杯水，盖上盖子、按下开关，待开关跳起即可。

31

19 梅干菜蒸肉饼

材料 ingredient

猪肉泥300克、姜末10克、葱末10克、鸡蛋1个、梅干菜50克

调味料 seasoning

盐1/4小匙、鸡精1/4小匙、细糖1小匙、酱油1小匙、米酒1小匙、白胡椒粉1/2小匙、香油1大匙

做法 recipe

1. 梅干菜用水泡约1小时后，洗去细沙，再用开水汆烫约1分钟后，冲凉挤干水分切碎备用。
2. 猪肉泥放入钢盆中，加入盐、鸡精、细糖、酱油、米酒、白胡椒粉及鸡蛋拌匀后，将50毫升水加入搅拌至水分被肉吸收。
3. 继续于猪肉泥中加入葱末、姜末、梅干菜碎及香油，拌匀后将肉馅装盘。
4. 电锅外锅倒入1杯水，放入做法3的盘子，按下开关蒸至开关跳起后即可。

20 碎肉豆腐饼

材料 ingredient

猪肉泥300克、老豆腐150克、荸荠50克、姜末10克、葱末10克、鸡蛋1个

调味料 seasoning

盐3克、鸡精4克、细糖5克、酱油10毫升、米酒10毫升、白胡椒粉1/2小匙、香油1小匙

做法 recipe

1. 荸荠拍破后切碎；老豆腐入锅汆烫约10秒后冲凉压成泥，备用。
2. 猪肉泥放入钢盆中，加入盐后搅拌至有黏性。
3. 于搅拌好的猪肉泥中加入鸡精、细糖及鸡蛋拌匀后将50毫升水分2次加入，一面加水一面搅拌至水分被肉吸收。
4. 于腌制好的猪泥中再加入荸荠、豆腐泥、葱末、姜末及其他调味料，拌匀后将肉馅分成10份，用手掌拍成圆球形后压成饼状摆放入盘中。
5. 电锅外锅倒入1杯水，放入做法4的盘子，按下开关蒸至开关跳起后即可。

21 咸冬瓜酱肉饼

材料 ingredient

猪肉泥	350克
蒜头	3瓣
红辣椒	1/3个
香菜	1棵
淀粉	1大匙

调味料 seasoning

咸冬瓜酱 ⋯⋯⋯⋯⋯ 适量

做法 recipe

1. 将蒜头、红辣椒、香菜洗净后切成碎状备用。
2. 取一个容器，放入淀粉、猪肉泥，再加入蒜碎、红辣椒碎、香菜碎和咸冬瓜酱搅拌均匀。
3. 再将搅拌好的肉泥捏成圆形，并放入圆盘中，用耐热保鲜膜将盘口封起来，再放入电锅中。
4. 于外锅加入1杯水，蒸约15分钟即可。

注：可加上葱丝、红辣椒丝及香菜装饰。

22 咸蛋黄蒸肉

材料 ingredient

咸蛋黄2个、猪肉泥200克、葱花5克

调味料 seasoning

胡椒粉1/4小匙、米酒2大匙

做法 recipe

1. 咸蛋黄留下1/2个，剩余的压碎备用。
2. 取一容器，将猪肉泥、压碎的咸蛋黄、葱花和所有调味料混合拌匀，装入容器中，在中间放上剩余1/2的咸蛋黄，盖上保鲜膜。
3. 续将容器放入电锅中，外锅加入2杯水，按下电锅开关至开关跳起，取出撒上青葱花（分量外）即可。

🍚 **小常识**

现成肉泥可以制作的料理相当多样，可以加些现成的调味料后放入电锅中蒸，或是捏成丸子状放入平底锅中直接干煎，都是方便又下饭的家常料理。

23 竹轮镶肉

材料 ingredient

竹轮(小)12个、肉泥150克、胡萝卜10克、荸荠2个、姜5克、葱10克

调味料 seasoning

酱油1大匙、糖1小匙、盐1小匙、米酒1大匙、酱油1/2大匙

做法 recipe

1. 胡萝卜切末；荸荠拍碎；姜、葱切末，备用。
2. 将肉泥、盐、姜末、葱末、荸荠碎、米酒一起绞拌均匀成肉浆，放入塑料袋中，挤成三角原锥形，底部剪一小洞。
3. 取一个竹轮，将做法2肉浆挤入竹轮中，依序将12个竹轮镶肉都做好后，依次排入蒸盘，倒入酱油、糖，放入电锅中，外锅加1杯水，盖上锅盖后按下开关，待开关跳起即可。

24 腊肉蒸豆腐

材料 ingredient

老豆腐·················· 200克
腊肉··················· 60克
姜丝··················· 10克
辣椒丝················· 5克

调味料 seasoning

蚝油················· 1小匙
细糖················· 1/2小匙
绍兴酒··············· 1大匙

做法 recipe

1. 老豆腐切小片；腊肉切丝，备用。
2. 将做法1的老豆腐氽烫约10秒后沥干装盘备用。
3. 将腊肉丝与姜丝、辣椒丝摆放至豆腐上，再将蚝油、细糖及绍兴酒拌匀后淋至豆腐上。
4. 电锅外锅倒入1/2杯水，放入盘子，按下开关蒸至开关跳起后即可。

25 辣酱蒸爆猪皮

材料 ingredient

爆猪皮	80克
白萝卜	100克
蒜末	20克
姜末	20克
葱丝	适量

调味料 seasoning

辣椒酱	3大匙
蚝油	1大匙
糖	1小匙
香油	1大匙

做法 recipe

1. 爆猪皮泡热水约5分钟至软后切小块；白萝卜去皮后洗净切厚片，备用。
2. 将爆猪皮、白萝卜片、蒜末、姜末及所有调味料一起拌匀后放入盘中。
3. 电锅外锅放入1杯水，放入盘子，按下开关蒸至开关跳起后，撒上葱丝即可。

26 蒸肥肠

材料 ingredient

肥肠	2根
笋块	适量

调味料 seasoning

沙茶	1大匙
蚝油	3大匙
蒜末	1大匙
辣椒末	1/2小匙
姜末	1/2小匙
葱末	1小匙

做法 recipe

1. 肥肠洗净后放入滚水中汆烫后捞起、切片备用。
2. 将所有调味料混合均匀后，加入肥肠片及笋块一起搅拌均匀。
3. 取一电锅于外锅放上2.5杯水，放入肥肠和笋块蒸至肥肠软化即可。

27 红烧蹄筋

材料 ingredient

泡发蹄筋	160克
草菇	30克
甜豆	10克
胡萝卜	10克
姜	30克
葱	10克

调味料 seasoning

蚝油	1大匙
糖	1/2小匙
鸡精	1小匙
米酒	1大匙
香油	少许
水淀粉	少许

做法 recipe

1. 泡发蹄筋、草菇洗净；甜豆去粗丝；胡萝卜去皮切片；姜切片；葱切段，备用。
2. 电锅预热，外锅加入少许油，放入葱、姜炒出香气，再加入胡萝卜、甜豆、草菇、蹄筋炒匀，盖上锅盖焖2分钟。
3. 加入蚝油、糖、鸡粉、米酒调味，加入50毫升水炒匀，盖上锅盖焖2~3分钟。
4. 打开锅盖加入少许水淀粉勾薄芡，起锅前加少许香油提味即可。

28 栗子香菇鸡

材料 ingredient

土鸡腿······1只
泡发香菇······3朵
干栗子······80克
姜末······5克
辣椒······1个

调味料 seasoning

蚝油······3大匙
细糖······1小匙
淀粉······1小匙
米酒······1大匙
香油······1小匙

做法 recipe

1. 土鸡腿洗净剁小块；干栗子用开水泡30分钟后去碎皮；泡发香菇切小块；辣椒切片，备用。
2. 将鸡肉块、栗子及香菇块、辣椒片、姜末及所有调味料一起拌匀后放入盘中。
3. 电锅外锅倒入1杯水，放入盘子。
4. 按下开关蒸至开关跳起即可。

29 葱油鸡

材料 ingredient

鸡腿······1个
青葱丝······10克
辣椒丝······2克
姜丝······2克
香油······1/2小匙

调味料 seasoning

盐······1/2小匙
胡椒粉······1/4小匙

做法 recipe

1. 将鸡腿略冲水洗净沥干，均匀抹上调味料放至盘内，再放入电锅中，外锅加入2杯水，按下电锅开关至煮好开关跳起，取出放凉再切块盛盘。
2. 将青葱丝、辣椒丝、姜丝和香油拌匀，淋至鸡腿上，再放入电锅中，外锅放1/2杯水，按下开关焖约1分钟即可。

醉鸡

材料 ingredient

土鸡腿·············550克
铝箔纸·············1张

调味料 seasoning

A. 盐 ·············1/6小匙
当归 ·············3克
B. 绍兴酒 ·········300毫升
水 ·············200毫升
枸杞 ·············5克
盐 ·············1/4小匙
鸡精 ·············1小匙

做法 recipe

1. 土鸡腿去骨后在内侧均匀洒上1/6小匙的盐，再用铝箔纸卷成圆筒状，开口卷紧。
2. 电锅外锅倒入1.5杯水，放入蒸架，将鸡腿卷放入，按下开关蒸至开关跳起取出放凉。
3. 当归切小片与所有调味料B煮开约1分钟后放凉成汤汁。
4. 将蒸熟的鸡腿撕去铝箔后浸泡入汤汁中，冷藏一夜后切片即可。

31 东江盐焗鸡

材料 ingredient

土鸡腿1只、葱30克、姜25克、八角2颗、花椒粉1/4小匙、沙姜粉1/4小匙

调味料 seasoning

盐1小匙、鸡精1/2小匙、细糖1/6小匙、白胡椒粉1/6小匙、料酒1大匙、水50毫升

做法 recipe

1. 土鸡腿洗净后在腿内侧骨头两侧用刀划深约1厘米的切痕备用。
2. 将葱、姜及八角拍破，放入盆中，加入所有调味料及花椒粉、沙姜粉，并用手抓至葱、姜味道渗出。
3. 于盆中放入鸡腿并用葱、姜等香料和水搓揉鸡腿入味，腌渍约20分钟。
4. 电锅外锅倒入1杯水，放入蒸架，将腌渍好的鸡腿连同腌汁一起放入，按下开关蒸至开关跳起。
5. 取出鸡腿并滤去葱、姜及香料渣，留下干净的汤汁作为淋汁，将鸡腿切块后淋上汁即可。

32 照烧鸡腿

材料 ingredient

无骨鸡腿··················2只
鲜香菇··················5朵
照烧酱··················2大匙
米酒····················1杯

做法 recipe

1. 鸡腿洗净用纸巾吸干水分；鲜香菇洗净，备用。
2. 取一内锅放入电锅中，电锅外锅加少许水按下开关加热，待热后放入少许色拉油，加入鸡腿煎到两面焦黄(煎出多余的鸡油倒掉)。
3. 加入鲜香菇、照烧酱及米酒至煎好的鸡腿中，电锅外锅加1杯水，盖上锅盖约15分钟，酱汁收干即可。

33 豆豉鸡

材料 ingredient

土鸡腿	1只
豆豉	20克
姜末	5克
蒜酥	5克
辣椒末	5克

调味料 seasoning

蚝油	1大匙
细糖	1小匙
淀粉	1/2小匙
米酒	1大匙
香油	1小匙

做法 recipe

1. 鸡腿洗净剁小块；豆豉洗净切碎，备用。
2. 将鸡块及豆豉碎、蒜酥、辣椒末、姜末及所有调味料一起拌匀后放入盘中。
3. 电锅外锅倒入1杯水，放入装材料的盘子，按下开关蒸至开关跳起即可。

34 笋块蒸鸡

材料 ingredient

土鸡腿	300克
绿竹笋	200克
泡发香菇	2朵
姜末	5克
辣椒	1个

调味料 seasoning

细糖	1/4小匙
蚝油	2大匙
淀粉	1/2小匙
米酒	1大匙
香油	1小匙

做法 recipe

1. 鸡腿洗净剁小块；绿竹笋削去粗皮切小块；泡发香菇切小块；辣椒切片，备用。
2. 将鸡肉块、竹笋块、香菇块、辣椒片、姜末及所有调味料一起拌匀后，放入盘中。
3. 电锅外锅倒入1杯水，放入装材料的盘子，按下开关蒸至开关跳起即可。

35 芋香蒸鸡腿

1

2

3

4

5

材料 ingredient

芋头	200克
蒜头	3个
鸡腿	1个
玉米笋	适量
西蓝花	100克

调味料 seasoning

鸡精	1小匙
酱油	1小匙
米酒	1大匙
盐	少许
白胡椒粉	少许

做法 recipe

1. 芋头削去皮后洗净，切成小块状（见图1），再放入200℃的油锅中炸成金黄色备用（见图3）。
2. 鸡腿切成大块状，再放入滚水中氽烫过水（见图2），捞起备用。
3. 玉米笋切成小段状；西蓝花切成小朵状，洗净备用。
4. 取一盘，将芋头、鸡腿、竹笋与所有的调味料一起加入（见图4~5），再用耐热保鲜膜将盘口封起来，放入电锅中，于外锅加入1.5杯水，蒸15分钟再把西蓝花加入，续蒸5分钟即可。

36 香菇香肠蒸鸡

材料 ingredient

干香菇	5朵
台式香肠	2根
仿土鸡去骨鸡腿	1只
姜片	3片

调味料 seasoning

酱油	1大匙
米酒	1大匙

做法 recipe

1. 干香菇洗净泡水软，切片；台式香肠切片；鸡腿切片后，加酱油，米酒、拌匀腌10分钟，备用。
2. 将所有材料混合好，放入蒸碗中，再放入电锅，外锅加1杯水，盖上锅盖按下启动开关，待开关跳起即可。

37 辣酱冬瓜鸡

材料 ingredient

土鸡腿	350克
冬瓜	400克
姜丝	10克

调味料 seasoning

辣椒酱	2大匙
盐	1/8小匙
米酒	30毫升
细糖	1小匙

做法 recipe

1. 将鸡腿剁小块；冬瓜洗净去皮切小块，备用。
2. 将所有材料加入姜丝及所有调味料拌匀后放入碗中。
3. 电锅外锅加入1杯水，放入碗，盖上锅盖后按下电锅开关，待电锅跳起后再焖约10分钟即可。

38 香菇蒸鸡

材料 ingredient

带骨土鸡腿········	约300克
干香菇·················	6朵
葱段·················	15克
淀粉·················	1小匙

调味料 seasoning

蚝油····················	1大匙
盐····················	1/2小匙
糖····················	1/4小匙

做法 recipe

1. 鸡腿剁小块、洗净沥干，加入淀粉、水、所有调味料，腌渍约20分钟，备用。
2. 干香菇泡水至软，去蒂、切斜片，备用。
3. 将做法2的香菇平铺于盘内，再放上做法1的鸡腿块，入电锅中，外锅加1杯水蒸约15分钟后取出，撒上葱段即可。

39 辣椒蒸鸡腿

材料 ingredient

鸡腿···················	2个
剥皮辣椒················	4个
蒜···················	3片
姜···················	4片
剥皮辣椒腌汁·········	2大匙

做法 recipe

1. 鸡腿洗净，去油、切块后放入蒸盘备用。
2. 剥皮辣椒切段，均匀撒在鸡腿块上，再铺上蒜片、姜片后淋上剥皮辣椒腌汁。
3. 电锅外锅加1杯水后放入鸡腿块蒸熟后取出即可。

小常识

剥皮辣椒腌汁已经有相当的咸度，此外鸡腿肉的味道也会完全释放，因此这道菜不需要添加很多调味料就让人着迷了！

40 清蒸石斑鱼

材料 ingredient

石斑鱼1条（约700克）、葱4根、姜30克、红辣椒1个

调味料 seasoning

A. 蚝油1大匙、酱油2大匙、水150毫升、细糖1大匙、白胡椒粉1/6小匙

B. 米酒1大匙、色拉油100毫升

做法 recipe

1. 石斑鱼洗净后从鱼背鳍与鱼头处到鱼尾纵切一刀深至龙骨，将切口处向下置于蒸盘上（鱼身下横垫一根筷子以利蒸气穿透）。

2. 将2根葱洗净、切段拍破、10克姜去皮、切片，铺在鱼身上，淋上米酒，移入电锅，外锅加入2杯水，煮至开关跳起，取出装盘，葱姜及蒸鱼水弃置不用。

3. 另2根葱及20克姜、红辣椒切细丝铺在鱼身上，烧热色拉油淋至葱姜上。

4. 将调味料A煮开后淋在鱼上即可。

小常识

清蒸是最能表现出鱼肉鲜甜滋味的好方法，但缺点就是味道稍嫌单调了些，所以在调味上除了鱼肉要利用葱姜腌渍去腥让鲜甜味道更好之外，调味的淋汁也决定了味道的好坏，其中蚝油就能提供鲜味与咸味同时还具有增添色泽的作用。

41 咸冬瓜蒸鳕鱼

材料 ingredient

鳕鱼········ 1块（约200克）
咸冬瓜····················2大匙
米酒······················1大匙
葱························1根
红辣椒·····················1个

做法 recipe

1. 鳕鱼片清洗后放入蒸盘；葱、红辣椒切丝，备用。
2. 咸冬瓜铺在鳕鱼片上，再淋上米酒后，放入电锅中，外锅放1杯水，盖上锅盖后按下开关，待关关跳起，取出，洒上葱丝、辣椒丝即可。

🍲 **小常识**

清蒸鱼时最重视调味了，那么用咸冬瓜最好，口味不咸又方便。

42 红烧鱼

材料 ingredient

鲜鱼········ 1条（约160克）
葱·························2根
姜·························15克
辣椒·······················1个

调味料 seasoning

酱油······················1大匙
细砂糖···················1/2小匙
水·······················2大匙
米酒······················1小匙
淀粉····················1/6小匙
香油······················1小匙

做法 recipe

1. 鲜鱼洗净后在鱼身两侧各划2刀，划深至骨头处但不切断，置于盘上备用。
2. 将葱切小段、辣椒切条、姜切丝铺至鲜鱼上，再将所有调味料调匀后，淋至鲜鱼上。
3. 放入电锅中，外锅加入1杯水，蒸至跳起后取出即可。

43 豆酥蒸鳕鱼

材料 ingredient

鳕鱼······················· 1块
葱························· 1根
蒜························· 2瓣
红辣椒··················· 1/3个
豆酥····················· 100克

调味料 seasoning

香油····················· 1大匙
盐······················· 少许
白胡椒粉················· 少许
米酒····················· 1大匙

做法 recipe

1. 鳕鱼洗净（见图1），再将鳕鱼使用餐巾纸吸干水分备用（见图2）。
2. 将葱、蒜、红辣椒都切成碎状备用。
3. 取一个炒锅，先加入香油，放入蒜碎、葱碎、红辣椒、豆酥及其余调味料，炒至香味释放出来后关火备用（见图3~4）。
4. 把鳕鱼放入盘中，再将炒好的豆酥均匀的裹在鳕鱼上面（见图5）。
5. 做法4的鳕鱼用耐热保鲜膜将盘口封起来，再放入电锅，于外锅加入1杯水，蒸约15分钟至熟即可。

44 梅子蒸乌鱼

材料 ingredient

乌鱼····················· 1条
葱段····················· 1根
腌渍紫苏梅（无甜）5个
葱花····················· 1小匙
淀粉····················· 1小匙
水····················· 50毫升

调味料 seasoning

盐····················· 1/4小匙
酱油····················· 1小匙
糖····················· 2小匙
米酒····················· 1大匙

做法 recipe

1. 乌鱼清理干净、鱼身两面各划3刀；取一盘放上葱段，再放上乌鱼，备用。
2. 紫苏梅去核、抓烂，加入淀粉、水、所有调味料一起拌匀，淋在乌鱼上，放入电锅中，外锅加1杯水蒸至开关跳起后取出，撒上葱花即可。

45 蒜泥鱼片

材料 ingredient

草鱼肉	150克
葱花	15克
蒜泥	15克
辣椒末	5克

调味料 seasoning

A. 米酒 ·············1小匙
　　水 ·············1大匙
B. 酱油膏 ·············2大匙
　　细砂糖 ·············1小匙
　　开水 ·············1大匙
　　香油 ·············1小匙

做法 recipe

1. 将草鱼肉洗净，切成厚约1厘米的鱼片，排放至盘中备用。
2. 米酒及水混合后淋至切好的鱼片上，放入电锅中，外锅加入1/2杯水，蒸至跳起后取出。
3. 再将调味料B混合调匀，加入葱花、蒜泥及辣椒末拌匀后，淋至鱼片上即可。

46 青椒鱼片

材料 ingredient

鲷鱼肉	120克
青椒	60克
辣椒	1个
姜	15克

调味料 seasoning

盐	1/6小匙
鸡精	1/6小匙
细砂糖	1/8小匙
米酒	1小匙
水	1大匙
淀粉	1/6小匙

做法 recipe

1. 将鲷鱼肉切成厚约1厘米的鱼片；青椒切小块；辣椒与姜切小片，备用。
2. 将所有调味料与材料，一起拌匀后，排放至盘中。
3. 放入电锅中，外锅加入1/2杯水，蒸至开关跳起后取出即可。

47 甜辣鱼片

材料 ingredient
鲷鱼肉……………… 150克
葱花……………… 15克

调味料 seasoning
A. 米酒 ……………1小匙
　　水 ……………1大匙
B. 泰式甜辣酱 ………3大匙
　　开水 ……………1大匙

做法 recipe
1. 将鲷鱼肉洗净，切成厚约1厘米的鱼片，排放至盘中。
2. 米酒及水混合后，淋至切好的鱼片上。
3. 放入电锅中，外锅加入1/2杯水，蒸至开关跳起后取出，再将泰式甜辣酱与开水混和调匀后，淋至鱼片上，最后撒上葱花即可。

48 塔香鱼

材料 ingredient
草鱼肉片………… 约150克
罗勒叶……………… 10克
蒜头酥……………… 20克
辣椒末………………5克

调味料 seasoning
乌醋………………1大匙
水…………………1大匙
细砂糖……………1小匙
色拉油……………2大匙

做法 recipe
1. 草鱼肉片洗净后在鱼身划2刀，置于盘上备用。
2. 将罗勒叶切碎，加入蒜头酥、辣椒末及所有调味料，拌匀后淋至鱼上。
3. 放入电锅中，外锅加入1/2杯水，蒸至开关跳起后取出即可。

49 泰式蒸鱼

材料 ingredient

鲜鱼1条（约230克）、西红柿约90克、柠檬1/2个、蒜末5克、香菜6克、辣椒1个

调味料 seasoning

鱼露1大匙、白醋1小匙、盐1/4小匙、细砂糖1/2小匙

做法 recipe

1. 鲜鱼处理好洗净后，在鱼身两侧各划2刀，划深至骨头处，但不切断，置于盘上；柠檬榨汁；西红柿切丁；香菜、辣椒切碎，备用。
2. 蒜末与柠檬汁、西红柿丁、香菜碎、辣椒碎，及所有调味料一起拌匀后，淋至鲜鱼上。
3. 电锅外锅加入1杯水，放入蒸架后，将做法2的鲜鱼放置架上，盖上锅盖，按下开关，蒸至开关跳起即可。

50 豆瓣蒸鱼片

材料 ingredient

鲷鱼片1片、姜5克、蒜头3颗、红辣椒1/3个

调味料 seasoning

豆瓣酱1大匙、酱油1小匙、香油1小匙、盐少许、白胡椒粉少许、米酒1大匙

做法 recipe

1. 先将鲷鱼片洗净，再切成大块状备用。
2. 把姜切成丝状；蒜头、红辣椒都切成片状备用。
3. 取一容器，将所有的调味料加入，混合拌匀备用。
4. 取一盘，把切好的鱼片放入，再放入做法2的材料与做法3的调味料。
5. 用耐热保鲜膜将盘口封起来，再放入电锅中，于外锅加入2/3杯水，蒸约10分钟至熟即可。

51 腌梅蒸鳕鱼

材料 ingredient

鳕鱼……………………1块
葱段……………………适量
葱丝……………………适量
姜丝……………………适量
紫苏梅……………………3~4个

调味料 seasoning

盐………………………1小匙
米酒……………………1大匙
梅汁……………………1大匙

做法 recipe

1. 将鳕鱼洗净沥干，抹上盐及米酒。
2. 盘中铺上葱段再放上鳕鱼片，淋上紫苏梅、梅汁。
3. 外锅放1杯水，将材料放入电锅蒸至开关跳起。
4. 起锅后撒上姜丝、葱丝即可。

52 鳕鱼破布子

材料 ingredient

A. 鳕鱼1片（约200克）、破布子（树子）适量、葱丝少许、姜丝少许、红辣椒丝少许
B. 姜片2片、酒1大匙、盐1/2小匙

调味料 seasoning

香油少许

做法 recipe

1. 鳕鱼洗净，用材料B腌约10分钟后取出，用纸巾吸去多余水分备用。
2. 将腌好的鳕鱼摆盘，倒入破布子，洒上少许姜丝。
3. 电锅外锅加1杯热开水，按下开关，盖上锅盖，待蒸气冒出后，才掀盖将材料连盘放入蒸约5分钟，再掀盖撒上葱丝、姜丝、红辣椒丝续蒸30秒后取出，淋上少许香油即可。

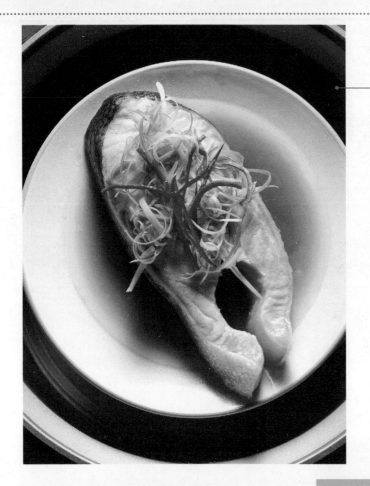

53 清蒸三文鱼

材料 ingredient

三文鱼	1片
姜	4片
姜丝	10克
葱丝	10克
辣椒丝	10克
色拉油	2大匙

调味料 seasoning

蒸鱼酱油	1大匙
米酒	1小匙

做法 recipe

1. 姜片铺在蒸盘上，再放上洗净的三文鱼片，淋上米酒。
2. 将三文鱼放入电锅中，外锅加入1杯水，蒸至跳起，取出蒸盘将盘中的水倒除，并将姜片挑除。
3. 于蒸熟的三文鱼片放上姜丝、葱丝、辣椒丝，淋上蒸鱼酱油备用。
4. 色拉油放入锅中加热至沸腾，淋在葱丝上即可。

54 松菇三文鱼卷

材料 ingredient

三文鱼片300克、柳松菇100克、芦笋150克

调味料 seasoning

高汤1大匙、蚝油1大匙、味醂1小匙、糖少许、香油少许、淀粉少许

做法 recipe

1. 三文鱼片切成约0.5厘米厚、6厘米长的薄片；柳松菇挑大小较一致的去尾洗净；芦笋切后段，保留前段有花部分约15厘米，洗净备用。
2. 将所有调味料拌匀成酱汁备用。
3. 取一片三文鱼片，放上5朵柳松菇，卷起固定，重覆此步骤至材料用毕，将松菇三文鱼卷接缝处朝下摆盘，再将做法1的芦笋间隔摆在每个松菇三文鱼卷之间备用。
4. 电锅外锅加1杯热开水，按下开关，盖上锅盖，待蒸气冒出后，连盘放入蒸约5分钟后，掀盖淋上做法2的酱汁，盖上锅盖，再蒸1分钟即可。

55 豆豉虱目鱼

材料 ingredient

虱目鱼肚1片（约220克）、姜丝10克、蒜末10克、辣椒1个、葱花10克

调味料 seasoning

豆豉25克、蚝油2小匙、酱油1大匙、米酒1小匙、细砂糖1小匙、水2大匙

做法 recipe

1. 虱目鱼肚洗净置于深盘上；辣椒切丝，备用。
2. 豆豉洗净沥干后，与姜丝、蒜末、辣椒丝及其余调味料一起拌匀后，淋至虱目鱼肚上。
3. 电锅外锅加入1杯水，放入蒸架后将的虱目鱼肚放置架上，盖上锅盖按下开关蒸至开关跳起，取出再撒上葱花即可。

56 黑椒蒜香鱼

材料 ingredient

草鱼肉片⋯⋯⋯⋯⋯ 120克
蒜头酥⋯⋯⋯⋯⋯⋯ 25克

调味料 seasoning

色拉油⋯⋯⋯⋯⋯⋯1大匙
黑胡椒⋯⋯⋯⋯⋯1/2小匙
乌醋⋯⋯⋯⋯⋯⋯⋯1小匙
番茄酱⋯⋯⋯⋯⋯⋯1小匙
水⋯⋯⋯⋯⋯⋯⋯⋯1大匙
细砂糖⋯⋯⋯⋯⋯1/2小匙
米酒⋯⋯⋯⋯⋯⋯⋯1小匙

做法 recipe

1. 草鱼肉片洗净后，置于盘上备用。
2. 将所有调味料及蒜头酥拌匀后淋至鲷鱼肉片上。
3. 放入电锅中，外锅加入1杯水，蒸至跳起后取出即可。

57 豉汁蒸鱼云

材料 ingredient

鲢鱼头1/2个（约600克）、葱2根、姜 20克、蒜头20克、红辣椒2个、豆豉30克

调味料 seasoning

A. 蚝油1大匙、酱油1大匙细糖1小匙、淀粉1小匙、水1大匙、米酒1小匙
B. 色拉油1.5大匙

做法 recipe

1. 鱼头洗净以厨房纸巾擦干，剁小块放入蒸盘中，备用。
2. 豆豉洗净，姜、蒜头去皮，红辣椒洗净、去蒂及籽，全部切碎一起放入碗中，加入调味料A拌匀成蒸酱。
3. 将蒸酱淋在做法1鱼头上，放入电锅中，外锅加入1.5杯热水煮至开关跳起后取出。
4. 将葱洗净、切细均匀撒在蒸好的鱼头上，再淋上烧热的色拉油即可。

🍚 小常识

鱼头的鲜味浓郁，以清蒸的方式烹调，可以使鲜味更加突显出来，在调味上以能去腥的材料或调味料为主，再搭配像豆豉这样香味重一点材料，味道就很可口，也不会遮盖掉鱼头的香鲜味。鱼头洗净后擦干可以加速入味。

58 梅干菜蒸鱼

材料 ingredient
鲜鱼1条（约160克）、梅干菜40克、姜末5克、蒜末10克、辣椒末5克

调味料 seasoning
A. 蚝油1小匙、酱油1小匙、细砂糖1/2小匙、米酒1小匙、水1大匙
B. 香油1大匙

做法 recipe
1. 鲜鱼处理好洗净后，在鱼身两侧各划2刀，划深至骨头处，但不切断，置于盘上备用。
2. 梅干菜以清水泡发后，洗净、沥干、切碎，与姜末、蒜末、辣椒末及调味料A一起拌匀后，淋至鲜鱼上。
3. 电锅外锅加入1杯水，放入蒸架后，将鱼放置架上，盖上锅盖，按下开关，蒸至开关跳起。
4. 取出鲜鱼后，再淋上香油即可。

59 梅子蒸鱼

材料 ingredient
虱目鱼肚1块、姜30克、红辣椒1个

调味料 seasoning
腌渍梅6颗、鱼露1小匙、蚝油1小匙、细糖1大匙

做法 recipe
1. 虱目鱼肚洗净以厨房纸巾擦干，备用。
2. 红辣椒洗净、去蒂及籽后切碎，姜去皮、切细丝，腌渍梅去籽后抓碎，备用。
3. 将食材与所有调味料一起拌匀，备用。
4. 将鱼放入蒸盘中，加入拌好的调味料在鱼身上，封上保鲜膜，放入电锅中，外锅加入1杯热水煮至开关跳起后取出，撕去保鲜膜即可。

60 五花肉蒸鱼

材料 ingredient
鲜鱼1条（约300克）、五花肉丝30克、榨菜丝20克、姜10克、葱2根

调味料 seasoning
酱油1小匙、蚝油1/2小匙、水1大匙、细糖1/2小匙、米酒1小匙

做法 recipe
1. 鲜鱼洗净以厨房纸巾擦干；葱洗净、切细，备用。
2. 姜去皮、切丝与榨菜丝、五花肉丝及所有调味料一起拌匀，备用。
3. 将鱼放入蒸盘中，加入做法2拌好的调味料在鱼身上，封上保鲜膜，放入电锅中，外锅加入1.5杯热水煮至开关跳起后取出，撕去保鲜膜，撒上葱花即可。

61 笋片蒸鱼

材料 ingredient
鲷鱼·····················适量
竹笋1个（可用市售沙拉笋）

调味料 seasoning
蚝油·····················1大匙
糖·······················1/4小匙
酒·······················1大匙
姜末·····················1/2小匙
辣椒末···················1/4小匙

做法 recipe
1. 将鱼肉切成片状；调味料混合均匀备用。
2. 竹笋先放入电锅中，外锅加1杯水蒸熟后取出，切成与鱼片同等大小的薄片备用。
3. 取做法1的鱼片与做法2的笋片依相交错的排列方式排放于盘中，最后均匀淋上调味料。
4. 电锅于外锅放入1杯水，再放入材料于电锅中蒸至熟后即可。

62 粉蒸鳝鱼

材料 ingredient

鳝鱼片	150克
葱	1根
蒜末	20克

调味料 seasoning

A. 辣椒酱	1大匙
酒酿	1大匙
酱油	1小匙
细砂糖	1小匙
蒸肉粉	2大匙
香油	1大匙
B. 香醋	1大匙

做法 recipe

1. 鳝鱼片洗净后沥干，切成长约5厘米的鱼片；葱切丝，备用。
2. 将做法1的鳝鱼片、蒜末与调味料A一起拌匀后，腌渍约5分钟后装盘。
3. 电锅外锅加入1杯水，放入蒸架后，将做法2的鳝鱼片放置架上，盖上锅盖，按下开关，蒸至开关跳起，取出撒上葱丝，淋上香醋即可。

63 破布子鱼头

材料 ingredient

鲢鱼头	1/2个
姜末	10克
葱花	15克

调味料 seasoning

破布子（连汤汁）	5大匙
细砂糖	1/4小匙
米酒	1小匙
香油	1/4小匙

做法 recipe

1. 鲢鱼头洗净后，置于汤盘上。
2. 将姜末、葱花及所有调味料调匀后，淋至做法1的鲢鱼头上。
3. 放入电锅中，外锅加入1.5杯水，蒸至跳起后取出即可。

64 蒜泥虾

材料 ingredient

草虾············ 10只
蒜泥··········· 2大匙
葱花··········· 10克

调味料 seasoning

A. 米酒 ····· 1小匙
　 水 ······· 1大匙
B. 酱油 ····· 1大匙
　 开水 ····· 1小匙
　 细砂糖 ··· 1小匙

做法 recipe

1. 草虾洗净、剪掉长须后，用刀在虾背由虾头直剖至虾尾处，但腹部不切断，且留下虾尾不摘除。
2. 将划虾的虾肠泥去除洗净后，排放至盘子上备用。
3. 调味料B混合成酱汁备用。
4. 蒜泥与调味料A混合后，淋至虾上，放入电锅中，外锅加入1/2杯水，蒸至跳起后取出，淋上做法3的酱汁、撒上葱花即可。

65 盐水虾

材料 ingredient

草虾	20只
青葱	2根
姜	25克

调味料 seasoning

盐	1小匙
水	2大匙
米酒	1小匙

做法 recipe

1. 草虾洗净剪掉长须置于盘中；青葱切段；姜切片，备用。
2. 将葱段与姜片铺于草虾上。
3. 所有调味料混合淋至草虾上。
4. 放入电锅中，外锅加入1/2杯水，青蒸至跳起后取出，挑去葱姜、倒去盐水后即可。

66 葱油蒸虾

材料 ingredient

虾仁	120克
葱丝	30克
姜丝	15克
辣椒丝	15克

调味料 seasoning

蚝油	1小匙
酱油	1小匙
细砂糖	1小匙
色拉油	2大匙
米酒	1小匙
水	2大匙

做法 recipe

1. 虾仁洗净后，排放于盘上备用。
2. 将色拉油、葱丝、姜丝及辣椒丝拌匀，加入其余调味料拌匀后，淋至虾仁上。
3. 电锅外锅加入1/2杯水，放入蒸架后将虾仁放置架上，盖上锅盖，按下开关，蒸至开关跳起即可。

67 枸杞蒸鲜虾

材料 ingredient
草虾200克、姜10克、蒜头3个、枸杞1大匙、青葱1根

调味料 seasoning
米酒2大匙、盐少许、白胡椒粉少许、香油1小匙

做法 recipe
1. 先将草虾洗净后，以剪刀剪去脚与须，再于背部划刀，去沙肠备用。
2. 把姜洗净切成丝状；蒜头切片；青葱洗净切末；枸杞泡入水中至软备用。
3. 取一容器放入姜丝、蒜片、葱末、枸杞和调味料，搅拌均匀备用。
4. 取一盘，将草虾排整齐，再加入所有材料，用耐热保鲜膜将盘口封起来。
5. 将盘子放入电锅中，于外锅加入1杯水，蒸约12分钟即可。

68 酸辣蒸虾

材料 ingredient
鲜虾······················ 12只
辣椒······················ 4个
蒜头······················ 4个
柠檬······················ 1个

调味料 seasoning
水··························· 1大匙
鱼露······················ 1大匙
细砂糖··················· 1/4小匙
米酒······················ 1小匙

做法 recipe
1. 鲜虾洗净剪掉长须置于盘中，柠檬榨汁，辣椒及蒜头一起切碎，与柠檬汁及所有调味料拌匀，淋至鲜虾上。
2. 将做法1用保鲜膜封好。
3. 电锅外锅加入1/2杯水，放入蒸架后，将鲜虾放置架上，盖上锅盖，按下开关，蒸至开关跳起即可。

69 奶油虾仁

材料 ingredient

虾仁·····················150克
蒜仁·····················20克
洋葱·····················40克
西蓝花···················40克

调味料 seasoning

无盐奶油·················2小匙
盐·······················1/4小匙
细砂糖···················1/6小匙
水·······················1大匙

做法 recipe

1. 虾仁洗净沥干；蒜仁切片；洋葱切丝；西蓝花切小块，备用。
2. 将所有材料及所有调味料拌匀后装盘。
3. 放入电锅中，外锅加入1/2杯水，蒸至跳起后取出即可。

70 大蒜奶油蒸虾

材料 ingredient

草虾·····················12只
大蒜奶油酱···············适量
巴西里···················少许

做法 recipe

1. 草虾洗净剪须脚，去肠泥背部剖开不断成蝴蝶状；巴西里切碎，备用。
2. 将大蒜奶油酱涂在虾肉上，排列在蒸盘中。
3. 放入电锅，电锅外锅放1/2杯水，盖锅盖后按下开关。
4. 开关跳起后，再撒上少许巴西里末即可。

 小常识

　　市售的大蒜奶油酱不是只能抹在土司面包上，抹在虾肉上再以电锅蒸熟，菜就颇有西餐中烤虾的美味唷！

71 丝瓜蒸虾

材料 ingredient

虾仁·········· 100克
丝瓜·········· 1根
姜丝·········· 10克

调味料 seasoning

A.盐·········· 1/4小匙
　细砂糖 ··· 1/2小匙
　米酒 ····· 1小匙
　水 ········ 1大匙
B.香油 ····· 1小匙

做法 recipe

1. 丝瓜用刀刮去表面粗皮，洗净后对剖成4瓣，切去带籽部分后，切成小段，排放盘上；虾仁洗净后，备用。
2. 将虾仁摆在丝瓜上，再将姜丝排放于虾仁上，调味料A调匀淋上后，用保鲜膜封好。
3. 电锅外锅加入1/2杯水，放入蒸架后，将虾放置架上，盖上锅盖，按下开关，蒸至开关跳起，取出后淋上香油即可。

72 五味虾仁

材料 ingredient
虾仁120克、葱花12克、蒜末10克

调味料 seasoning
A. 番茄酱2大匙、乌醋2小匙、细砂糖2小匙、BB辣椒酱1小匙、香油1小匙
B. 水1大匙、米酒1小匙

做法 recipe
1. 虾仁洗净沥干；葱花、蒜末及调味料A调匀成五味酱，备用。
2. 虾仁装盘，淋上水及米酒。
3. 将虾仁放入电锅中，外锅加入1/3杯水，蒸至跳起后取出，淋上五味酱即可。

73 四味虾

材料 ingredient
草虾300克、姜片2片、米酒1大匙、四色调味酱适量

做法 recipe
1. 草虾挑去泥肠，剪去须脚后洗净，用剪刀从虾背剪开，再用姜片、米酒浸泡约10分钟后取出，放入碗中备用。
2. 电锅外锅加1/2杯热开水，按下开关，盖上锅盖，待蒸气冒出后，才掀盖将虾连碗移入电锅中，蒸5分钟取出，食用前再依个人喜好沾取四色调味酱即可。

这个四色调味酱是一虾四吃的另类做法，调制起来并不困难，将所含的材料搅拌均匀即可。
姜醋酱：水果醋1/2大匙、糖1/2大匙、姜汁1/2大匙、香油1小匙、酱油1/2小匙
芥末酱：酱油1小匙、芥末1大匙、香油1小匙、醋1/2小匙
五味酱：番茄酱1大匙、大蒜末1小匙、甜辣酱1小匙、醋1/2小匙、鱼露2滴、糖1小匙、酱油1小匙、辣椒末1小匙
蚝油蒜味酱：大蒜末1/2大匙、蚝油1大匙、香油1小匙、高汤1小匙

74 荷叶蒸虾

材料 ingredient

荷叶	1片
沙虾	600克
姜	4片
葱	4段
酒	1大匙

做法 recipe

1. 荷叶先煮水至软化后取出沥干备用。
2. 将沙虾、葱段、姜片均匀铺在荷叶上，并淋上米酒后，再将荷叶四角往内包裹放于蒸盘上。
3. 取一电锅，于外锅加入0.8杯水放入荷叶包蒸至熟，将蒸熟的荷叶包打开，虾可沾芥茉酱油食用即可。

🍚 小常识

虾是相当易熟的海鲜食材，因此蒸煮的时候外锅加入的水量要注意，以免过熟让虾肉变得干涩。

75 萝卜丝蒸虾

材料 ingredient

虾仁	150克
白萝卜	50克
辣椒	1个
葱	1根

调味料 seasoning

A.蚝油	1小匙
酱油	1小匙
细砂糖	1小匙
米酒	1小匙
水	1大匙
B.香油	1小匙

做法 recipe

1. 虾仁洗净后，排放盘上；白萝卜去皮与葱、辣椒切丝，备用。
2. 将白萝卜丝与辣椒丝，排放于虾仁上，再将调味料A调匀后淋上。
3. 电锅外锅加入1/2杯水，放入蒸架后，将虾仁放置架上，盖上锅盖，按下开关，蒸至开关跳起，取出将葱丝撒至虾仁上，再淋上香油即可。

76 香菇镶虾浆

材料 ingredient

虾仁	150克
鲜香菇	10朵
葱花	20克
姜末	10克

调味料 seasoning

A. 盐 …… 1/4小匙
   鸡精 …… 1/4小匙
   细砂糖 … 1/4小匙
B. 淀粉 …… 1大匙
   香油 …… 1大匙

做法 recipe

1. 虾仁挑去肠泥、洗净、沥干水分,用刀背拍成泥,加入葱花、姜末及调味料A搅拌均匀,再加入调味料B,拌匀后成虾浆,冷藏备用。
2. 鲜香菇泡水约5分钟后,挤干水分,平铺于盘上底部向上,再撒上一层薄薄的淀粉(分量外)。
3. 将做法1的虾浆平均置于做法2的鲜香菇上,均匀抹成小丘状,重复此动作至材料用毕。
4. 电锅外锅加入1/2杯水,放入蒸架后将香菇整盘放置架上,盖上锅盖,按下开关,蒸至开关跳起即可。

77
鲜虾山药球

材料 ingredient

虾……………… 300克
山药………… 200克
玉米粉……… 1小匙
面包粉……… 1大匙
米酒………… 少许
淀粉………… 少许
热开水……… 1杯

调味料 seasoning

盐………… 1小匙
鸡粉………1/2小匙

做法 recipe

1. 取虾6只去壳但保留尾部，洗净挑去肠泥，再以纸巾吸去多余的水分，以米酒及淀粉稍微抓一下后，取出沥干；其余虾全部去壳，并挑去肠泥后，剁成泥状备用。

2. 山药削去外皮，洗净后剁成泥状，放入盘中备用。

3. 电锅外锅加入1/2杯热开水，按下开关，盖上锅盖，待蒸气冒出后，才掀盖连盘将山药泥放入电锅中，蒸5分钟后取出备用。

4. 将虾泥、蒸熟的山药泥及所有调味料一起拌匀，再拌入玉米粉及面包粉，最后捏成6个球状并摆盘，再放上做法1的虾备用。

5. 倒掉蒸山药泥时电锅外锅的水，再加1/2杯热开水于外锅中，按下开关，盖上锅盖，待蒸气冒出后，才掀盖连盘将做好的材料放入电锅内蒸5分钟即可。

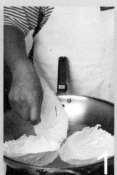

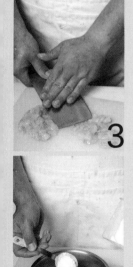
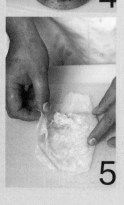

78 圆白菜虾卷

材料 ingredient

虾仁	150克
圆白菜	1棵
葱花	20克
姜末	10克

调味料 seasoning

A. 盐 …………… 1/4小匙
　 鸡精 ………… 1/4小匙
　 细砂糖 ……… 1/4小匙
B. 淀粉 ………… 1大匙
　 香油 ………… 1大匙

做法 recipe

1. 圆白菜挖去心后，一片片取下尽量保持完整，取下约6片后，汆烫约1分钟后，再浸泡冷水（见图1）。
2. 将圆白菜叶沥干，将较硬的叶茎处拍破（见图2）；虾仁去肠泥洗净、沥干，拍成泥备用（见图3）。
3. 将虾泥加入葱花、姜末及调味料A搅拌均匀，再加入淀粉及香油拌匀后成虾浆（见图4），冷藏备用。
4. 将圆白菜叶摊开，虾浆平均置于叶片1/3处，卷成长筒状后排放于盘子上，重复此动作至材料用毕（见图5）。
5. 电锅外锅加入1杯水，放入蒸架后，将圆白菜卷整盘放置架上，盖上锅盖，按下开关，蒸至开关跳起即可。

79 绍兴煮虾

材料 ingredient

白虾600克、姜片20克

调味料 seasoning

绍兴酒4大匙、盐2小匙、水500毫升

药材 flavoring

当归8克、川芎8克、枸杞10克、参须10克、红枣20克、黑枣20克

做法 recipe

1. 将药材用清水浸泡约10分钟。
2. 用剪刀从白虾背部剪开去除沙肠及头部尖端的刺，用清水洗净后备用。
3. 内锅倒入5碗水，加入水、姜片、药材、盐、绍兴酒及白虾，外锅加1杯水，按下开关煮至跳起即可。

80 当归虾

材料 ingredient

鲜虾	300克
当归	5克
枸杞	8克
姜片	15克

调味料 seasoning

盐	1/2小匙
米酒	1小匙
水	800毫升

做法 recipe

1. 鲜虾洗净、剪掉长须后，置于汤锅（或内锅）中，将当归、枸杞、米酒与姜片、水一起放入汤锅（或内锅）中。
2. 电锅外锅加入1杯水，放入汤锅，盖上锅盖，按下开关，蒸至开关跳起。
3. 取出鲜虾后，再加入盐调味即可。

81 烧酒虾

材料 ingredient

鲜虾·········· 500克
姜片·········· 10克
水·········· 500毫升

药材 flavoring

当归·········· 3克
枸杞·········· 5克
红枣·········· 5颗

调味料 seasoning

米酒······· 100毫升
细糖······· 1小匙
盐···········1/2小匙

做法 recipe

1. 鲜虾剔除肠泥，剪除触须；所有药材稍微洗过后沥干，备用。

2. 将所有材料、药材、米酒放入电锅内锅，外锅加1/2杯水（分量外），盖上锅盖，按下开关待开关跳起后，加入其余调味料即可。

82 蒜味蒸孔雀贝

材料 ingredient

孔雀贝300克、罗勒3棵、姜10克、蒜头3个、红辣椒1/3个

调味料 seasoning

酱油1小匙、香油1小匙、米酒2大匙、盐少许、白胡椒粉少许

做法 recipe

1. 孔雀贝洗净，放入滚水中余烫过水备用。
2. 把姜、蒜头、红辣椒都切成片状，罗勒洗净备用。
3. 取一个容器，加入所有的调味料，再混合拌匀备用。
4. 将孔雀贝放入盘中，再放入所有材料和调味料。
5. 用耐热保鲜膜将盘口封起来，再放入电锅中，于外锅加入1杯水，蒸约15分钟至熟即可。

83 枸杞蒸鲜贝

材料 ingredient

扇贝	8大个
姜末	6克
枸杞	20克

调味料 seasoning

盐	适量
柴鱼素	适量
料理米酒	3小匙

做法 recipe

1. 将扇贝用清水冲洗肉上的沙肠，去除沙肠上的细沙。
2. 枸杞用清水略为清洗后，用料理米酒浸泡10分钟至软，再加入姜末混合。
3. 将中混合好的材料略分成八等分，平均放置在处理好的扇贝上，再撒上盐与柴鱼素。
4. 将扇贝依序排放于盘中，再放入电锅内，外锅倒入1/2杯水按下开关煮至跳起即可。

84 丝瓜蛤蜊蒸粉丝

材料 ingredient

丝瓜………… 300克
蛤蜊………… 150克
细粉丝………… 50克
袖珍菇………… 50克
姜片………… 15克

调味料 seasoning

水………… 100毫升
盐………… 2克
米酒………… 15毫升
风味素………… 2克

做法 recipe

1. 丝瓜去皮切成约0.5厘米的厚圆片；蛤蜊吐沙后洗净；细粉丝浸泡清水至软，沥干后切适当长段；袖珍菇用酒水（浓度15%）洗净，备用。
2. 取一稍有深度的盘子，依序放入粉丝、丝瓜片、蛤蜊、袖珍菇与姜片备用。
3. 将所有调味料混合均匀后淋在盘子中的材料上。
4. 电锅内锅中倒入2杯水，盖上锅盖，按下开关煮至冒出蒸气，放入盘子蒸约10分钟即可。

 小常识

调味料中的风味素，指的就是一般海带、柴鱼、干贝、鸡粉、香菇粉这一类粉状的调味料，依个人口味喜好使用。

85 蚝油蒸墨鲍

材料 ingredient
墨西哥鲍鱼1个、葱1根、蒜头2个、杏鲍菇1个

调味料 seasoning
蚝油1大匙、盐少许、白胡椒粉少许、米酒1小匙、香油1小匙、糖1小匙

做法 recipe
1. 墨西哥鲍鱼切成片状备用。
2. 葱洗净切段；蒜头、杏鲍菇洗净切片备用。
3. 取一容器，放入所有的调味料，混合拌匀备用。
4. 取一盘，先放上鲍鱼，再放入葱、杏鲍菇、蒜片，接着将调味料加入后，用耐热保鲜膜将盘口封起来。
5. 最后将装好材料盘子放入电锅中，于外锅加入1/2杯水，蒸约8分钟即可。

86 鲍鱼切片

材料 ingredient
罐装鲍鱼……………………1罐
圆白菜丝……………………适量

调味料 seasoning
五味酱………………………1罐

做法 recipe
1. 鲍鱼罐头放入电锅，外锅放2杯水，盖锅盖后按下启动开关，待开关跳起，取出罐头并打开。
2. 将鲍鱼粒切成片状，放入铺好圆白菜丝上，食用时佐以五味酱即可。

 小常识

　　罐头不要先打开，整罐直接放入电锅，外锅加入适量的水，利用对流热气自然焖熟，接下来只要开罐切片，就能享用了！

87 豉汁墨鱼仔

材料 ingredient
墨鱼仔6只、红辣椒1/3个、蒜头2个

调味料 seasoning
豆豉酱适量

做法 recipe
1. 先将墨鱼仔洗净备用。
2. 红辣椒、蒜头都切片状备用。
3. 取一盘，把墨鱼仔放入盘中，再放上辣椒片、蒜片与豆豉酱。
4. 用耐热保鲜膜将盘口封起来，放置电锅中，于外锅加入2/3杯水，蒸约10分钟至熟即可。

豆豉酱
材料：
豆豉2大匙、米酒1大匙、酱油1小匙、香油1小匙、糖1小匙、盐少许、白胡椒粉少许
做法：
将豆豉泡入冷水中约15分钟后，捞起切成碎状与所有的调味料一起加入，搅拌均匀即可。

---

88 葱油墨鱼仔

材料 ingredient
墨鱼仔·····················5条
姜片······················ 4片
姜丝······················ 少许
葱丝······················ 少许
热油······················ 少许

调味料 seasoning
蒸鱼酱油··············1大匙
开水··················2大匙

做法 recipe
1. 将墨鱼仔以清水冲洗，处理干净后沥干；调味料混合均匀备用。
2. 取一盘，将底部平均铺上姜片，摆入墨鱼仔。
3. 取电锅于外锅加入1/2杯水，放入墨鱼仔蒸约10分钟至熟。
4. 将盘取出去除姜片，另取一盘放上蒸好的墨鱼仔、姜丝、葱丝，最后淋上混合好的调味料。
5. 最后淋上少许热油于姜丝、葱丝上即可。

89 虾仁茶碗蒸

材料 ingredient

虾仁	2只
鲜香菇	1朵
鸡蛋	2个
葱花	适量

调味料 seasoning

盐	1/4小匙
细砂糖	1/4小匙
米酒	1/2小匙
水	3大匙

做法 recipe

1. 鸡蛋打散后，加入所有调味料打匀后，用筛网过滤。
2. 将做法1的蛋液，倒入茶碗中，并盖上保鲜膜。
3. 电锅外锅加入1杯水，放入蒸架后，将盘子放置架上，盖上锅盖，锅盖边插一根牙签或厚纸片，留一条缝使蒸气略为散出，防止鸡蛋蒸过熟。
4. 按下开关蒸约8分钟至表面凝固，再将虾仁、葱花及鲜香菇放入，盖上锅盖再蒸约10分钟后，开盖轻敲锅体，看蛋液是否已完全凝固不会晃动，如会摇动盖上盖子再蒸，蒸至蛋液已完全凝固，不会晃动即可。

90 蛤蜊蒸嫩蛋

材料 ingredient

鸡蛋·······················3个
蛤蜊·····················100克

调味料 seasoning

水··················· 200毫升
盐····················· 少许
白胡椒粉··············· 少许

做法 recipe

1. 先将蛤蜊洗净，取一锅，放入蛤蜊、适量的冷水与1大匙盐，让蛤蜊静置吐沙1小时备用。
2. 鸡蛋洗净敲入一容器中，均匀打散，再加入所有调味料，混合拌匀。
3. 将搅拌均匀的蛋液以筛网过滤至另一容器中，用耐热保鲜膜将盘口封起来，再放入电锅中。
4. 于电锅外锅加入1杯水，蒸约10分钟，再将锅盖打开，放入吐好沙的蛤蜊，续蒸3~5分钟即可。

91 鱼粒蒸蛋

材料 ingredient

旗鱼肉50克、鸡蛋2个、胡萝卜20克、青豆仁1克、西蓝花适量

调味料 seasoning

盐1/4小匙、细砂糖1/4小匙、米酒1/2小匙、水2大匙

做法 recipe

1. 旗鱼肉、胡萝卜切丁备用。
2. 鸡蛋打散后，加入旗鱼肉丁、胡萝卜丁、青豆仁及所有调味料。
3. 将蛋液，倒入深盘中，并放上保鲜膜。
4. 电锅外锅加入1杯水，放入蒸架后将盘子放置架上，盖上锅盖，锅盖边插一根牙签或厚纸片，留一条缝，使蒸气略为散出，防止鸡蛋蒸过熟，按下开关，蒸至开关跳起；再以汆烫熟的西蓝花装饰即可。

92 海鲜蒸蛋

材料 ingredient

鸡蛋······3个
虾仁······30克
蟹肉······10克
蛤蜊······10克
青豆仁······20克

调味料 seasoning

盐······1/2小匙
米酒······1大匙
水······450毫升

做法 recipe

1. 鸡蛋打入碗中，和所有的调味料混合拌匀，再过滤至碗中。
2. 虾仁、蟹肉、蛤蜊和青豆仁放入碗中。
3. 将碗封上保鲜模，再以牙签刺几个小洞，放入电锅内，外锅加1杯水，蒸约10分钟取出即可。

93 薰衣草蒸蛋

材料 ingredient

薰衣草1大匙、虾2只、鸡蛋2个、高汤1杯、盐1小匙、热开水2杯

做法 recipe

1. 薰衣草以1杯约90℃的热开水冲泡后，静置放凉至40℃以下备用。
2. 虾去壳但保留尾部，挑去肠泥并洗净备用。
3. 蛋打散成蛋液，加入薰衣草茶、高汤后，用滤网过滤分别倒入杯中备用。
4. 电锅外锅加1杯热开水后，按下开关，放入装有蛋液的杯子，电锅边缘放一支筷子，盖上锅盖，蒸6分钟后，放入虾，续焖3分钟即可。

🍲 小常识

蒸蛋时电锅边缘放一支筷子，可使锅盖与电锅无法完全密合，留有一些缝隙，如此蒸出来的蛋，表面较美观，不会有气孔；而装蛋液的容器需要能够耐热。

94 双色蒸蛋

材料 ingredient

咸蛋······················2个
鸡蛋······················2个

调味料 seasoning

盐······················ 少许
胡椒粉···················· 少许
香油····················1小匙

做法 recipe

1. 先将咸蛋切片后去壳；把鸡蛋将蛋黄与蛋清分开；备用。
2. 取一容器，先包上保鲜膜，再将咸蛋片铺入容器中。
3. 将鸡蛋蛋清倒入铺好咸蛋片的容器中，放入电锅中，外锅放1/2杯水蒸约5分钟。
4. 将蛋黄与所有的调味料一起搅拌均匀，再倒入蒸好的蛋清中，外锅再加1杯水，续蒸约15分钟后取出。
5. 最后将蒸好的双色蛋放凉后，再切成片状即可。

95 三色蛋

材料 ingredient

皮蛋······················2个
咸蛋······················2个
鸡蛋······················4个
蛋黄酱···················· 适量

做法 recipe

1. 皮蛋、咸蛋去壳切小丁状；鸡蛋打散成蛋液，备用。
2. 准备一个长形模型，铺上保鲜膜，将皮蛋丁、咸蛋丁均匀放入模型，再将蛋液倒入模型。
3. 外锅放1杯水，将模型放入电锅中蒸至开关跳起。
4. 取出模型待冷却后切片，挤上蛋黄酱即可。

96 咸冬瓜蒸豆腐

材料 ingredient

老豆腐·················· 200克
肉丝·················· 60克
姜丝·················· 10克
辣椒丝·················· 适量

调味料 seasoning

咸冬瓜酱·············· 100克
酱油膏················1小匙
细糖················1/2小匙
米酒················1小匙

做法 recipe

1. 老豆腐切小方块后，放入沸水中汆烫约10秒后沥干装盘备用。
2. 肉丝与姜丝摆放至豆腐上，将咸冬瓜酱、酱油膏、细糖及米酒拌匀后淋至豆腐上。
3. 电锅外锅倒入1/2杯水，放入做法2的盘子，按下开关蒸至开关跳起后，放上辣椒丝即可。

97 咸蛋蒸豆腐

材料 ingredient

咸蛋1个、萝卜干30克、蒜头2个、嫩豆腐1盒、青葱1根

调味料 seasoning

糖1小匙、盐少许、白胡椒粉少许、香油1小匙

做法 recipe

1. 先将咸蛋剥去外壳，再将咸蛋切成碎状备用。
2. 将萝卜干、蒜头与青葱洗净切成碎状备用。
3. 取一容器，放入所有调味料并搅拌均匀备用。
4. 把嫩豆腐切成大块状后装入一器皿中，再把咸蛋、萝卜干、青葱、蒜碎与所有的调味料，均匀地浇淋在豆腐上。
5. 最后于器皿口包上耐热保鲜膜，放入电锅中，外锅放1杯水，约蒸15分钟即可。

98 豆腐虾仁

做料 ingredient

虾仁·················· 150克
豆腐·················· 200克
葱花·················· 20克
姜末·················· 10克

调味料 seasoning

A. 盐 ··········· 1/4小匙
　 鸡精 ········· 1/4小匙
　 细砂糖 ······· 1/4小匙
B. 淀粉 ········· 1大匙
　 香油 ········· 1大匙

做法 recipe

1. 虾仁挑去肠泥、洗净、沥干水分，用刀背拍成泥，加入葱花、姜末及调味料A搅拌均匀，再加入调味料B，拌匀后成虾浆，冷藏备用。
2. 豆腐切成厚约1厘米的长方块10块，平铺于盘上，表面撒上一层薄薄的淀粉（分量外）。
3. 将虾浆平均置于豆腐上，均匀地抹成小丘状，重复至材料用毕。
4. 电锅外锅加入1/2杯水，放入蒸架后，将豆腐整盘放置架上盖上锅盖，按下开关蒸至开关跳起即可。

99
蒜味火腿蒸豆腐

材料 ingredient

火腿片………………	1片
嫩豆腐……………	1盒
蒜头……………	5个
青葱……………	1根

调味料 seasoning

盐……………	少许
白胡椒粉………	少许

做法 recipe

1. 火腿片、蒜头、青葱都切成碎状；嫩豆腐切成片状备用。
2. 取一个炒锅，加入1大匙色拉油，再将做法1和所有调味料一起加入，以中火爆香备用。
3. 将豆腐摆入盘中，再将炒好的材料放在豆腐上，用耐热保鲜膜将盘口封起，放入电锅中。
4. 于电锅外锅加入2/3杯水，蒸约11分钟至熟即可。

🍲 小常识

　　蒸豆腐时常会发生破碎的情况，其实在处理嫩豆腐时，先将豆腐水倒出来，再切成大块状，这样蒸出来才比较不易碎，而且成功率会较高；另外在封保鲜膜时，也要记得多留一点空间，这样其实都可以避免蒸好后发生豆腐被压破的情况；若想让豆腐蒸出来的颜色更漂亮，可以加入酱油与少许的糖增添酱色，让蒸豆腐看起来更可口。

100 咸鱼蒸豆腐

材料 ingredient

咸鲭鱼·····················80克
豆腐·······················180克
姜丝·······················20克

调味料 seasoning

香油·······················1/2小匙

做法 recipe

1. 豆腐切成厚约1.5厘米的厚片，置于盘里备用。
2. 咸鲭鱼略清洗过，斜切成厚约0.5厘米的薄片备用。
3. 将咸鱼片摆放在豆腐上，再铺上姜丝。
4. 电锅外锅加入3/4杯水，放入蒸架后，将咸鱼片放置架上，盖上锅盖，按下开关，蒸至开关跳起，取出鱼后，淋上香油即可。

101 山药蒸豆腐

材料 ingredient

嫩豆腐1盒、白山药30克、葱1根、胡萝卜10克

调味料 seasoning

盐少许、白胡椒粉少许、鸡粉1小匙、香油1小匙、酱油1小匙

做法 recipe

1. 白山药去皮洗净后，再切成小条状；葱洗净切成段状；胡萝卜去皮洗净切片备用。
2. 将嫩豆腐切成片状备用。
3. 取一容器，放入所有调味料并搅拌均匀备用。
4. 把豆腐摆入盘中，放入山药、葱段、胡萝卜片和所有的调味料。
5. 用耐热保鲜膜将盘口封起，放入电锅中，于外锅加入1杯水，蒸约15分钟即可。

102 西红柿蛋豆腐

材料 ingredient
西红柿……………………1个
蛋豆腐……………………1盒

调味料 seasoning
柴鱼酱油…………………1大匙
水…………………………1大匙
味淋………………………1/4小匙
淀粉………………………1/4小匙

做法 recipe
1. 西红柿、蛋豆腐切片依次交错排列于盘中备用。
2. 调味料混合均匀，淋在做法1的材料上。
3. 取一电锅于外锅放上1/2杯水，放入材料蒸至熟取出即可。

103 清蒸臭豆腐

材料 ingredient
臭豆腐……………………3块
肉泥………………………50克
毛豆………………………适量

调味料 seasoning
辣豆瓣……………………1大匙
罐头高汤…………………2大匙
蚝油………………………1小匙
蒜末………………………1小匙
糖…………………………1/4小匙
酒…………………………1/4小匙

做法 recipe
1. 臭豆腐洗净、切块状后放入蒸盘中。
2. 调味料混合均匀备用。
3. 肉泥与毛豆撒在混合好的臭豆腐块上，最后淋上调味料。
4. 电锅于外锅放入1杯水，放入臭豆腐块蒸至熟即可。
5. 起锅后也可撒上香菜食用增加风味。

104 清蒸时蔬

材料 ingredient
圆白菜1/4个（200克）、茭白1根、胡萝卜1/4根、洋葱1/2个、玉米1/2根、香菇1朵

调味料 seasoning
冷开水18毫升、酱油18毫升、味淋18毫升、柠檬汁10毫升、糖5克

做法 recipe
1. 圆白菜整个切1/4份，叶片不剥下整块放入盘中备用。
2. 茭白切斜段；胡萝卜切2厘米厚片；洋葱切片；玉米切5厘米长段；香菇泡水至软，备用。
3. 将所有材料放入盘中备用。
4. 所有调味料混合调匀成蘸酱备用。
5. 电锅内锅中倒入2杯水，盖上锅盖，按下开关煮至冒出蒸气，放入装满材料的盘子蒸约10分钟。
6. 取出蔬菜，配以蘸酱食用即可。

105 干贝白菜

材料 ingredient
干贝	2只
白菜	400克
姜末	5克
巴西里末	适量

调味料 seasoning
盐	1/4小匙
细糖	1/4小匙
色拉油	1小匙

做法 recipe
1. 干贝放碗里加入开水(淹过干贝)，泡约15分钟后剥丝连汤汁备用。
2. 将白菜余烫约10秒后取出沥干水分装盘。
3. 将做法1连汤汁的干贝丝加入盐及细糖拌匀后与色拉油一起淋至做法2的白菜上。
4. 电锅外锅放入1/2杯水，放入盘子，按下开关蒸至开关跳起后，撒上巴西里末即可。

106 地瓜土豆

材料 ingredient

土豆2个、红地瓜1个、鸡蛋1个、蛋黄酱
适量

做法 recipe

1. 土豆去皮、切片；红地瓜去皮、切丁；鸡蛋洗净，备用。
2. 取容器装土豆片、地瓜丁，另外用小碗装少许水放入鸡蛋一起煮，外锅倒入1杯水，盖上盖子、按下开关，待开关跳起取出土豆压成泥；鸡蛋剥壳切碎。
3. 取一容器，加入土豆泥、鸡蛋碎及适量蛋黄酱均匀搅拌，最后拌入地瓜丁，表面再挤上适量蛋黄酱即可（可另加入小黄瓜片装饰）。

> **小常识**
>
> 地瓜与土豆除了可以用烤箱烤之外，也可以用电锅蒸熟，地瓜与土豆洗净、不用去皮，放在层架中移入电锅，外锅加杯水蒸熟，开关跳起、内部熟透后即可食用。

107 椰汁土豆

材料 ingredient

鸡腿肉	150克
土豆	200克
胡萝卜	50克
洋葱	50克

调味料 seasoning

椰浆	150毫升
水	50毫升
盐	1/2小匙
细糖	1小匙
辣椒粉	1/2小匙

做法 recipe

1. 将土豆、胡萝卜及洋葱去皮洗净后切块，鸡腿肉切小块放入滚水中氽烫约1分钟后洗净，与土豆、胡萝卜及洋葱放入电锅内锅中。
2. 内锅中加入所有调味料。
3. 电锅外锅加入1杯水，放入内锅，盖上锅盖后按下电锅开关，待开关跳起，跳起后再焖约20分钟后取出拌匀即可。

108 素肉臊酱蒸圆白菜

材料 ingredient

圆白菜·············· 200克

调味料 seasoning

素肉臊酱 ··········适量

做法 recipe

1. 先将圆白菜剥成大块状，洗净备用（见图2）。
2. 取一个深碗，先放入圆白菜，接着再将素肉臊酱放于圆白菜上面（见图5）。
3. 用耐热保鲜膜将盘口封起来，再放入电锅中，于外锅加入1杯水，蒸约15分钟至熟即可。

素肉臊酱

材料：

素肉50克、干香菇3朵、胡萝卜10克、豆干2片、香油1小匙、辣油少许、酱油1小匙、糖1小匙、盐少许、白胡椒粉少许

做法：

1. 素肉与干香菇泡软切成小丁状（见图1）；胡萝卜、豆干切成小丁状（见图3），备用。
2. 热锅，加入1大匙油，将做法1的材料以中火爆香，再放入其余的材料，翻炒均匀即可（见图4）。

109 开洋蒸胡瓜

材料 ingredient
胡瓜····················· 400克
虾米····················· 40克
姜末······················5克

调味料 seasoning
盐······················1/4小匙
高汤·····················3大匙
细糖·····················1/4小匙
色拉油····················1小匙

做法 recipe
1. 虾米放碗里加入开水（淹过虾米），泡约5分钟后洗净沥干备用。
2. 将胡瓜去皮切粗丝装盘。
3. 将高汤加入虾米、姜末、盐及细糖拌匀后与色拉油一起淋至胡瓜上。
4. 电锅外锅倒入1/2杯水，放入盘子，按下开关蒸至开关跳起后即可。

110 蒜拌菠菜

材料 ingredient
菠菜·····················1把
辣椒末····················1小匙
蒜末·····················1小匙

调味料 seasoning
色拉油····················1小匙
蚝油······················1匙
高汤······················1匙

做法 recipe
1. 菠菜洗净后切段备用。
2. 将所有调味料搅拌均匀成酱汁，淋在做法1的菠菜上。
3. 电锅外锅加1/2杯热开水，按下开关，盖上锅盖，待蒸汽冒出后，马上掀盖连盘放入菠菜蒸1分钟取出，撒上辣椒末、蒜末即可。

111 彩椒鲜菇

材料 ingredient
西蓝花1/3个、鸿禧菇50克、红甜椒1/6个、黄甜椒1/6个

调味料 seasoning
姜末1大匙、素蚝油1大匙、高汤1大匙、糖1小匙、盐1小匙、淀粉1小匙、色拉油少许

做法 recipe
1. 西蓝花洗净切成小朵状；鸿禧菇切小段；红甜椒、黄甜椒切成小菱片；所有调味料搅拌均匀成酱汁备用。
2. 电锅外锅加2杯热开水及1小匙盐（分量外），先按下开关预热，再将搅拌好西蓝花、红甜椒、黄甜椒、鸿禧菇分别氽烫一下即捞起，摆入盘中，再淋上酱汁。
3. 倒掉中电锅外锅的水，再于外锅加入1杯热开水，按下开关，盖上锅盖，待蒸汽冒出后，才掀盖连盘将装有材料和盘子放入电锅中，蒸3分钟后取出即可。

112 黑椒蒸洋葱

材料 ingredient
洋葱·······················1个
青葱·······················1根
蒜··························3瓣
胡萝卜·····················20克

调味料 seasoning
黑胡椒粒·················1大匙
奶油·······················1小匙
盐··························1小匙
鸡精·······················1小匙

做法 recipe
1. 先将洋葱对切后切成丝状；青葱洗净切段；蒜瓣用菜刀拍扁；胡萝卜切成丝状备用。
2. 取一盘，把所有食材放上，再加入所有的调味料，混合拌匀。
3. 用耐热保鲜膜将盘口封起来，再放入电锅中，于外锅加1杯水，蒸约15分钟至熟即可。

113 干贝蒸山药

材料 ingredient
干贝·················· 2只
山药·················· 300克

调味料 seasoning
柴鱼酱油·········· 2小匙
味淋·················· 1小匙

做法 recipe
1. 干贝放碗里加入开水(淹过干贝)，泡约15分钟后剥丝连汤汁备用。
2. 药去皮，切圆段后装汤碗备用。
3. 将做法1连汤汁的干贝丝加入柴鱼酱油及味淋拌匀后与一起淋至山药上。
4. 电锅外锅放入1/2杯水，放入汤碗，按下开关蒸至开关跳起后即可。

114
蒸镶大黄瓜

材料 ingredient

大黄瓜············· 1根
猪肉泥········· 300克
姜末············· 10克
葱末············· 10克
淀粉············· 适量

调味料 seasoning

盐············1/4小匙
鸡精············1/4小匙
细糖············ 1小匙
酱油············ 1小匙
米酒············ 1小匙
白胡椒粉·····1/2小匙
香油············ 1大匙

做法 recipe

1. 大黄瓜去皮后横切成厚约5厘米的圆段，用小汤匙挖去籽后洗净沥干，然后在黄瓜圈中空处抹上一层淀粉增加粘性备用。

2. 猪肉泥放入盆中，加入盐、鸡精、细糖、酱油、米酒、白胡椒粉搅拌至有粘性备用。

3. 继续加入葱、姜末及香油，拌匀后成肉馅，将内馅分塞至做法1的黄瓜圈中，再用手沾少许香油将肉馅表面抹平后装盘。

4. 电锅外锅放入2/3杯水，放入装好材料的盘子，按下开关蒸至开关跳起后即可。

115 蒸苦瓜薄片

材料 ingredient
苦瓜300克、金针菇适量

调味料 seasoning
A. 水30毫升、盐2克、味淋18毫升、风味素2克
B. 香油18毫升

做法 recipe
1. 苦瓜切成约0.1厘米的薄片，加少许盐（分量外）搓揉拌匀，再洗去表面盐分，挤干水分；金针菇去蒂，以酒水（15%）洗净，挤干水分，备用。
2. 调味料A混合成酱汁备用。
3. 取一盘，先铺上苦瓜片，再放上金针菇，并淋上混合酱汁备用。
4. 电锅内锅中倒入2杯水，盖上锅盖，按下开关煮至冒出蒸气，放入盘子蒸约5分钟。
5. 取出盘子，淋上香油即可。

116 豆酱蒸桂竹笋

材料 ingredient
桂竹笋	200克
肉丝	50克
泡发香菇	2朵
姜末	5克
葱丝	适量

调味料 seasoning
黄豆酱	3大匙
辣椒酱	1大匙
细糖	1小匙
香油	1小匙

做法 recipe
1. 桂竹笋切粗条氽烫后冲凉沥干；泡发香菇切丝，备用。
2. 将所有调味料拌匀后加入桂竹笋、姜末、香菇丝及肉丝略拌后装盘。
3. 电锅外锅放入1/2杯水，放入蒸架，将盘子放入电锅中，按下开关蒸至开关跳起，撒上葱丝即可。

117 蒸素什锦

材料 ingredient

泡发木耳	40克
黄花菜	15克
豆皮	60克
泡发香菇	5朵
胡萝卜	50克
竹笋	50克

调味料 seasoning

蚝油	2大匙
细糖	1小匙
淀粉	1小匙
水	1大匙
香油	1大匙

做法 recipe

1. 黄花菜用开水泡约3分钟软后洗净沥干；豆皮、胡萝卜、木耳、竹笋、香菇切小块，备用。
2. 将所有材料及所有调味料一起拌匀后，放入盘中。
3. 电锅外锅倒入1/2杯水，放入盘子，按下开关蒸至开关跳起即可。

118 茄香咸鱼

材料 ingredient

茄子	1根
咸鱼	60克
葱丝	少许

做法 recipe

1. 茄子切10厘米长段，每段再切成4小条后摆在盘中，再将咸鱼切粗丁后撒再茄子段上备用。
2. 葱丝洗净，泡水再沥干备用。
3. 电锅内锅中倒入2杯水，盖上锅盖，按下开关煮至冒出蒸气，放入盘子约6分钟。
4. 打开锅盖，在茄子上放上葱丝，盖上锅盖续焖一下即可。

小常识

咸鱼的种类很多，风味与咸度各不相同，可依照个人喜好增减分量；因为用蒸的方式，没有再加水稀释，因此咸味会较重，不需要再增添其他调味料即可享用。

119 蒸茄子

材料 ingredient
茄子2根

调味料 seasoning
乌醋1小匙、素蚝油1大匙、味淋1小匙、开水1大匙、姜末少许、罗勒碎适量

做法 recipe
1. 茄子去皮切段后排盘；所有调味料混合均匀备用。
2. 电锅于外锅放上1杯水，放入茄段蒸至熟。
3. 于蒸熟的茄段上均匀淋上混合好的调味料后即可。

小常识

挑选茄子要选则外皮呈现深紫红色，可以轻轻按压表面如果肉质软无弹性就不宜，要以饱满有弹性的茄子为佳。

120 奶油蒸茭白

材料 ingredient
茭白3根、胡萝卜30克、葱1根、姜5克

调味料 seasoning
奶油1大匙、盐少许、黑胡椒粒少许、香油1小匙

做法 recipe
1. 先将茭白剥去外壳，再将茭白洗净切成块状备用。
2. 胡萝卜洗净切片；葱洗净切成段状备用；姜洗净切片。
3. 取一盘，把所有材料放入盘中，再加入所有的调味料，用耐热保鲜膜将盘口封起来。
4. 把盘子放入电锅中，于外锅加入1杯水，蒸约15分钟至熟即可。

121 奶油菜卷

材料 ingredient

圆白菜3大片、鸡胸肉200克、姜末少许、葱末少许

调味料 seasoning

A. 淀粉1.5小匙、香油少许、鲜奶油1大匙、高汤1大匙、盐1大匙、胡椒粉少许
B. 酱油1大匙、盐少许

做法 recipe

1. 电锅外锅加3杯热开水及1/2大匙盐（分量外），按下开关预热，将圆白菜洗净，放入外锅烫软后立刻取出以冷水冲凉，再用纸巾擦干水分备用。
2. 鸡胸肉剁碎，以调味料B一起搅拌至略有粘性后拌入姜末、葱末备用。
3. 将圆白菜每一张都一分为二，并将硬梗部分修薄，取适量肉泥包入，卷起固定，撒上少许淀粉（分量外）再置于蒸盘上备用。
4. 电锅外锅加1/2杯热开水，按下开关，盖上锅盖，待蒸气冒出后，才掀盖连碗放入圆白菜卷蒸8分钟后将开关调起，最后加入所有调味料A，续焖1分钟即可。

122 蜜汁素火腿

材料 ingredient

素火腿6片、菠萝5片、红枣6颗、土司3片

调味料 seasoning

番茄酱1大匙、蜂蜜1大匙、冰糖1大匙、柳橙汁1大匙、酱油1小匙、盐1/2小匙

做法 recipe

1. 红枣洗净，以温水浸泡约10分钟至软后取出，和素火腿、菠萝片一起摆盘备用。
2. 将所有调味料搅拌均匀成酱汁，倒在盘中材料上。
3. 土司去边，每片从中间切一刀，但不切断备用。
4. 电锅外锅加1/2杯热开水，按下开关，放入盘子和土司一起下去蒸，3分钟后先取出土司，盖回电锅盖，续焖5分钟后再取出其余材料，食用时将素火腿、菠萝片搭配土司一块吃。

123 茭白夹红心

材料 ingredient
肉泥…………… 150克
茭白…………… 2根
枸杞…………… 1大匙
葱末………… 1/2大匙
姜末………… 1/2大匙
小豆苗………… 适量

调味料 seasoning
蚝油 ……… 1小匙
香油 ……… 1/2小匙
水淀粉 ……… 1小匙
高汤 ……… 1大匙
酱油………… 1/2大匙
盐…………… 1/2小匙

做法 recipe
1. 茭白洗净，斜切成厚片，再于每一厚片中间横切一刀但不切断；将所有调味料搅拌均匀成酱汁备用。
2. 肉泥与酱油、盐一起用力拌打至出筋后，与葱末、姜末及枸杞搅拌均匀，再塞入茭白片中间横切的缝隙中，放在铺了小豆苗的盘子上备用。
3. 电锅外锅加1/2杯开水，按下开关，盖上锅盖，待蒸汽冒出后，才掀盖连盘放入所有食材蒸7分钟，再打开盖子，淋上酱汁续焖1分钟即可。

124 鸡汤苋菜

材料 ingredient

苋菜	100克
鸡高汤	1罐

调味料 seasoning

米酒	15毫升

做法 recipe

1. 苋菜不切，直接摘除根部与茎部表面粗纤维，洗净后充分沥干备用。
2. 取一深碗，加入苋菜，再倒入鸡高汤与米酒备用。
3. 电锅内锅中倒入2杯水，盖上锅盖，按下开关煮至冒出蒸气，放入碗蒸约5分钟即可。

电锅也能
做卤味
ELECTRIC POT

其实电锅从基本功能上讲就非常适合炖煮，而卤也与炖煮是类似的料理方式，所以用电锅来卤东西再适合不过了。尤其是电锅具有瞬间加温，且温度不易散失的优点，只要花少许时间就能将一锅炖卤料理完成，更不用看守着炉火，隔水加热的方式更避免糊锅底的可能，可以说是一举数得。

电锅炖卤 美味有学问

卤肉看起来简单朴实，但要做出一锅香弹爽口的卤肉，却不是一件简单的事，材料的选择、调味比例方面，都有独特的妙方。让我们来看看如何掌握几个诀窍，轻松卤出一锅香气四溢、引人垂涎的卤肉。

肉的肥瘦有比例

卤肉需要适当油脂才不会太干涩，因此通常选择肥瘦均匀的五花肉，但记得挑选肥瘦比例2：3的肉块，能提供卤肉需要的油脂，也不至于太过油腻。

自己剁肉可增加弹性

要卤出口感香弹的肉臊，诀窍在于不直接使用肉泥，而是买回整块肉，再慢慢剁成碎丁。在剁碎的过程中，其实就是为了让肉更有弹性，口感才会有嚼劲；如果要以肉泥代替，建议买粗肉泥，回去再用刀剁一剁，同样，肉泥的肥瘦比例大约也是2：3。

胶质是卤汁粘稠香滑的关键

一锅好吃的卤肉，除了要加适量的油脂外，胶质是让卤汁粘稠香滑的关键，一般可选用带皮五花肉，连皮一起剁碎煮至胶质释出，如果不喜欢吃猪皮，也可事先将皮切下，与肉分开放入，煮滚后再捞起即可。

卤汁重复使用更好吃

卤肉吃完如果有剩下卤汁，可以再加进新鲜肉块，依味道酌量增添调味料及水，因旧卤汁已经含有胶质，味道丰厚甘美，再次利用卤汁所卤制的肉会更加好吃。

125
萝卜洋葱五花肉

材料 ingredient

白萝卜………	600克
胡萝卜………	200克
洋葱…………	200克
酱油…………	1杯
米酒…………	1杯
熟五花肉……	1块
糖…………	1大匙

做法 recipe

1. 白萝卜、胡萝卜去皮切块；洋葱去皮切块；熟五花肉切粗长条，备用。

2. 电锅外锅洗净，按下开关加热，放入少许色拉油，先放入洋葱块炒香，再依序加入胡萝卜、白萝卜、五花肉块、酱油及米酒，盖上锅盖后按下启动开关。

3. 约20分钟后，开盖放入糖，盖回锅盖续煮5分钟，取出装盘即可。

 小常识

白水煮的五花肉，与红白萝卜一起用电锅炖，省时省力，天冷时还能将部分留在锅中保温，想吃随时都是热的。

126 油豆腐炖肉

材料 ingredient

油豆腐150克、五花肉250克、葱段30克、姜片10克、八角4粒、卤包1包、辣椒1个

调味料 seasoning

酱油7大匙、细糖2大匙、水300毫升

做法 recipe

1. 五花肉切小块，用开水汆烫过；油豆腐切小块；辣椒切段，备用。
2. 将五花肉块、油豆腐块、辣椒段放入电锅的内锅中，加入万用卤包、葱段、姜片、八角及所有调味料。
3. 电锅外锅加入1杯水，放入内锅，盖上锅盖后按下电锅开关，待电锅跳起后再焖约20分钟后即可。

127 红曲萝卜肉

材料 ingredient

梅花肉200克、胡萝卜100克、白萝卜500克、红葱酥10克、姜10克、蒜20克、万用卤包1包

调味料 seasoning

红曲酱2大匙、酱油3大匙、鸡精1小匙、糖1大匙、水300毫升

做法 recipe

1. 梅花肉切小块，用开水汆烫过；蒜及姜切碎；白萝卜及胡萝卜去皮后切小块，备用。
2. 将梅花肉块、蒜碎、姜碎、白萝卜块、胡萝卜块一起放入电锅内锅中，加入万用卤包及所有调味料。
3. 电锅外锅加入1杯水，放入内锅，盖上锅盖后按下电锅开关，待电锅跳起后再焖约20分钟后即可。

128
萝卜豆干卤肉

材料 ingredient

豆干	100克
五花肉块	300克
白萝卜	200克
胡萝卜	100克
水煮蛋	2个

卤汁 marinated

酱油	3大匙
糖	1大匙
青葱段	5克
辣椒片	2克
姜片	2克
卤包	1包
水	1000毫升

做法 recipe

1. 豆干略冲水洗净沥干；白萝卜和胡萝卜洗净去皮切块备用。
2. 取锅，加入所有的材料和卤汁材料，放入电锅内，外锅加入3杯水，按下电锅开关至开关跳起即可。

 小常识

在家制作传统味的卤肉，只要将食材清洗、切块处理好，通通放入电锅内锅中，外锅加入适当的水量，按下开关，接着只要等开关跳起，就有热腾腾的卤肉可以配饭吃了。

129 笋丝焢肉

材料 ingredient
五花肉片·············· 300克
笋丝····················· 50克
葱段······················5克

调味料 seasoning
鸡精················· 1/2小匙
冰糖················· 1/2小匙
酱油···················1大匙

做法 recipe
1. 将五花肉片用热水略冲洗，沥干备用。
2. 取锅，放入五花肉片、笋丝、葱段和所有调味料，放入电锅中，外锅加入3杯水，按下电锅开关至煮好开关跳起即可。

130 肉末卤圆白菜

材料 ingredient
圆白菜················· 500克
猪肉泥················· 100克
红葱油酥·················2大匙

调味料 seasoning
高汤··················· 200毫升
盐·······················1/4小匙
鸡精····················1/4小匙
糖·······················1/4小匙
酱油····················· 1大匙

做法 recipe
1. 圆白菜切大块后氽烫约10秒，取出沥干水分装碗，猪肉泥氽烫约10秒，取出沥干撒至圆白菜上备用。
2. 将所有调味料拌匀后与红葱油酥一起淋至圆白菜上。
3. 电锅外锅放入1杯水，放入圆白菜按下开关蒸至开关跳起后即可。

131
茶香卤鸡翅

材料 ingredient
鸡翅5只、香油适量

卤包 flavoring
草果1颗、八角5克、桂皮6克、香叶3克、甘草4克、沙姜6克、乌龙茶叶15克

卤汁 marinated
葱2根、姜20克、水1500毫升、酱油500毫升、糖100克、绍兴酒100毫升

做法 recipe
1. 卤包材料全部放入棉袋中绑紧备用。
2. 葱、姜拍松放入锅中，倒入水煮至滚沸，加入酱油。
3. 待再次滚沸，加入糖、卤包，改小火煮约5分钟至香味散发出来，再倒入绍兴酒即为茶香卤汁。
4. 鸡翅洗净沥干，放入煮沸的水中，汆烫约1分钟捞出，放入冷水中洗净。
5. 取内锅倒入500毫升茶香卤汁及鸡翅，外锅加1/2杯水，按下开关待跳起后，开锅盖浸泡10分钟即可。

132 卤肉燥

材料 ingredient
熟五花肉350克、黄豆干10片、红葱头10个、蒜15瓣、水2杯

调味料 seasoning
糖1大匙、盐1小匙、米酒2大匙、鸡精1小匙、酱油1大匙、酱油膏3大匙、白胡椒粉1小匙

做法 recipe
1. 熟五花肉、黄豆干切成小丁状；蒜头、辣椒、红葱头都切成碎状，备用。
2. 电锅预热，内锅加入1小匙色拉油，加入红葱头碎爆香，再加入五花肉丁炒至色变白。
3. 加入蒜碎炒出香气，再加入豆干炒匀。
4. 所有调味料一同加入炒匀，外锅加入水，盖上锅盖再焖约30分钟即可。

133 卤花生

材料 ingredient
花生·············· 600克
姜片·············· 15克
八角··············3颗

调味料 seasoning
酱油·············· 100毫升
冰糖·············· 15克

做法 recipe
1. 花生，洗好之后泡水6小时，用滚水略汆烫去除花生生涩味备用。
2. 用少许油炒香姜片、八角，再加入酱油，续煮到酱汁滚即可。
3. 花生、炒好的酱汁一并加入电锅内锅中，再加水到盖住食材，略拌匀。
4. 加入冰糖调味，放入电锅中，外锅加2杯水，电锅跳起后再续焖10分钟即可。

134 富贵猪脚

材料 ingredient

猪脚1个、水煮蛋6个、葱1根、姜20克、酱油1杯、糖2大匙、水6杯

做法 recipe

1. 猪脚切块，以热水冲洗净；葱切段、姜切片；水煮蛋剥壳，备用。
2. 电锅外锅洗净，按下开关加热，锅热后放入少许色拉油，再加入猪脚煎到皮略焦黄。
3. 将葱段、姜片、酱油、糖、水及水煮蛋放入外锅中后，盖上锅盖，按下开关煮约40分钟后开盖，取出摆盘即可。

 小常识

猪脚用电锅卤最简单，不怕煮久了烧焦，只要把猪脚放入略煎一下，有香气后再加入其余材料、调味料，按下开关即可。

135 绍兴猪脚

材料 ingredient

猪脚···················· 300克
葱段···················· 40克
姜片···················· 40克

调味料 seasoning

盐······················ 1/2小匙
细糖···················· 1/2小匙
水······················ 150毫升
绍兴酒·················· 100毫升

做法 recipe

1. 将猪脚剁小块放入滚水中氽烫约2分钟后，洗净放入电锅内锅中备用。
2. 葱段、姜片及所有调味料加入内锅中。
3. 电锅外锅加入1杯水，放入内锅，盖上锅盖后按下电锅开关。
4. 待电锅跳起，焖约20分钟后，外锅再加入1杯水后，按下电锅开关再蒸一次，跳起后焖约20分钟后即可。

136 红仁猪脚

材料 ingredient

猪脚···················· 1000克
胡萝卜·················· 300克
沙参···················· 40克
玉竹···················· 20克

调味料 seasoning

盐······················ 2小匙
料理米酒················ 2大匙

做法 recipe

1. 把猪脚剁成块状，取锅加水煮滚后将猪脚氽烫10分钟，捞起用冷水洗净表面污垢及杂毛，备用。
2. 胡萝卜削皮切成滚刀状备用。
3. 做法1、2处理好的材料及沙参、玉竹放入锅中，并加入4碗水放入电锅中，外锅加2杯水，按下开关炖煮50分钟。
4. 加入所有调味料，再焖10分钟即可。

137 花生焖猪脚

材料 ingredient

猪脚	1400克
花生	300克
姜片	30克
水	1400毫升

调味料 seasoning

米酒	50毫升
盐	1.5小匙
细糖	1/2小匙

做法 recipe

1. 猪脚剁段放入沸水中汆烫去血水；花生泡水60分钟至软，备用。
2. 将所有材料、米酒放入电锅中，外锅加1杯水，盖上锅盖，按下开关，待开关跳起，再加1杯水，再按下关煮一次，跳起焖20分钟后，加入其余调味料即可。

138 胡萝卜炖牛腱

材料 ingredient

牛腱300克、胡萝卜200克、葱段40克、姜片20克

调味料 seasoning

酱油80毫升、细糖2大匙、水300毫升

做法 recipe

1. 将胡萝卜去皮洗净后切块，牛腱切小块放入滚水中汆烫约1分钟后，洗净与胡萝卜放入内锅中。
2. 内锅中加入姜片、葱段及所有调味料。
3. 电锅外锅加入1杯水，放入内锅，盖上锅盖后按下电锅开关，待电锅跳起，焖约20分钟。
4. 外锅再加入1杯水后，按下电锅开关再蒸一次，跳起后焖约20分钟后即可。

139 咖喱牛腱

材料 ingredient

牛腱	300克
土豆	200克
洋葱	80克

调味料 seasoning

咖喱块	1/2盒
水	200毫升

做法 recipe

1. 将土豆及洋葱去皮洗净后切块，牛腱切小块放入滚水中汆烫约1分钟后洗净与土豆及洋葱放入电锅内锅中。
2. 内锅中加入咖喱块及水。
3. 电锅外锅加入1杯水，放入内锅，盖上锅盖后按下电锅开关，待电锅跳起，焖约20分钟。
4. 外锅再加入1杯水后按下电锅开关再蒸一次，跳起后焖约20分钟后取出拌匀即可。

140
香卤牛腱

材料 ingredient

牛腱	1个
卤包	1个
葱	1根
姜	20克
酱油	1/2杯
糖	2大匙

做法 recipe

1. 牛腱用热开水清洗；葱切段、姜切片，备用。

2. 取内锅，放入牛腱及其他材料于电锅中，外锅加2杯水，盖上锅盖后按下启动开关。

3. 待开关跳起，续焖20分钟再将牛腱取出放凉切片摆盘，上桌前淋上少许卤汁食用即可。

🍲 **小常识**

用电锅炖煮原本需要用煤气灶久煮的食物最方便，自动控制火候大小，不必时时查看锅内食物是否烧焦，也不需要随时翻动，而且因没有翻动，汤汁会更清澈。

141 香炖牛肋

材料 ingredient

牛肋条1000克、洋葱1/2个、姜丝10克、花椒粒少许、白胡椒粒少许、月桂叶少许

调味料 seasoning

盐2小匙、鸡精1小匙、料理米酒2大匙

做法 recipe

1. 将牛肋条切成6厘米左右段状，汆烫3分钟后捞出过冷水冲洗血污后备用。
2. 将洋葱切片后与姜丝放入内锅中，再加入花椒粒、白胡椒粒（拍碎）与月桂叶，再将牛肋条放上层，加入15杯水后，放入电锅中，外锅加2杯水按下开关炖至开关跳起，加入所有调味料再焖15~20分钟即可。

🍚 小常识

牛肋条就是牛的整片腹部，也称为牛腩，若牛肋条含油量较为平均，炖煮时间会比较短。若买牛肋条带筋部分较多，炖煮时间需较长。

142 莲子炖牛肋条

材料 ingredient

牛肋条…………… 700克
莲子……………… 200克
水………………… 1200毫升
姜片……………… 30克

调味料 seasoning

米酒……………… 50毫升
盐………………… 1.5小匙
细糖……………… 1/2小匙

做法 recipe

1. 牛肋条放入沸水中汆烫去除血水；莲子泡水至软，备用。
2. 将所有材料、米酒放入电锅中，外锅加1杯水，盖上锅盖，按下开关，待开关跳起，再焖20分钟后，加入其余调味料即可。

143
五香茶叶蛋

材料 ingredient

鸡蛋·············· 15个
可乐·········· 150毫升
卤包············· 1包
茶包············· 2包

做法 recipe

1. 外锅洗净，加水至六分满，放入洗净的鸡蛋，再加卤包、茶包、可乐，盖上盖子、按下开关，煮10分钟。
2. 略敲半熟鸡蛋、使壳有小裂缝，再放回锅内续煮10分钟，改转保温状态泡至入味即可。

水煮蛋

材料：
鸡蛋·········· 10个
做法：
外锅洗净，加水至六分满，放入洗净的鸡蛋，盖上盖子、按下开关，煮10分钟。

小常识

1. 挑选：要挑选大小适中的鸡蛋，太小的话容易卤太咸，太大的话要卤比较久才会入味。
2. 水煮：先用清水小心的将蛋壳刷洗干净，再放入锅中用水煮熟，煮鸡蛋的时候，锅中一定要加入淹过鸡蛋的水量，并加入1小匙盐，煮的时候可将鸡蛋翻动数次，这样可以让蛋黄比较集中在鸡蛋中间。
3. 敲蛋：煮熟的蛋先泡入冷水中，并用汤匙将蛋壳敲出裂痕。这个作用是在卤的时候让蛋容易入味，但是不宜敲出太多裂痕，否则蛋壳容易脱落。
4. 卤煮：茶叶蛋最好的煮法就是利用电锅，让蛋在电锅里以稳定的热度卤煮，不用担心会烧焦，而且时间越久就会越入味。

好喝的汤品
一次搞定
ELECTRIC POT

用电锅来煮汤，比起用煤气灶大火直接烧煮，汤头会更清甜不混浊，而且安全方便，只要等待开关跳起就能享用了，尤其是需要长时间煮的煲汤，更是不用时刻看着炉火；而平常快煮的滚汤，也能用电锅来料理。这样就能让你在忙碌做菜时，多空出炉子来做别的菜。

电锅煮汤 好喝有学问

秘诀1 肉类、骨头先以冷水浸泡后汆烫

买回来的肉，切适当大小放入盆中，置于水槽中用流动的水冲洗，除了可以去除血水外，还有去腥、去杂质、让肉松软的作用，冲浸的时间约1小时为宜。之后入沸水中汆烫，更可去除残留的血水、杂质和异味，让汤头清澈；也能消除部分脂肪，避免汤头过于油腻。

秘诀2 干货先浸泡

添加干货一起熬汤风味绝佳，但是这些经过干燥完全没有水分的干货，在下锅前记得先用冷水浸泡还原，因为在电锅密闭且快速的熬煮下，干硬的材料不易完全释放本身的风味；而使用冷水浸泡的原因则是不会让干货浸泡过程中散失太多鲜味。

秘诀3 加不加水有学问

煲汤时加水以淹盖过所有食材为原则，尤其使用牛、羊、猪等肉类食材时，水面一定要超过食材，否则没盖到水的部分会干硬。切记最好不要中途再加水，以免稀释掉食材原有的鲜味，但如果中途必须要加水，也应以热水为主，避免因为加冷水，使得食材即时降温变得紧密，细胞孔闭合，让汤的鲜味降低。

秘诀4 调味增美味

如果喜欢清爽喝原味，可不加调料，若想调味的话，建议起锅前加些盐提味，过早放盐将会使肉中所含的水分释出，并加快蛋白质的凝固，影响汤的鲜味。若是喜欢重口味，亦可加上鸡精或是香菇精；如果煮鱼，则可以酌量加姜片或米酒去腥。

144 馄饨蛋包汤

材料 ingredient

馄饨	15个
鸡蛋	2个
鲜美露	少许
盐	少许
红葱酥	少许
芹菜末	少许

做法 recipe

1. 内锅放入5杯开水及馄饨，外锅倒入1杯水，盖上盖子、按下开关，待开关跳起后，将蛋打入内锅，加少许鲜美露、盐拌匀。

2. 在外锅再倒入1/4杯水，盖上盖子、按下开关，待开关跳起后、盛碗，加入红葱酥及芹菜末即可。

145 大肠猪血汤

材料 ingredient

猪大肠1条(约500克)、猪血1块(约250克)、大骨1根、葱2根、姜15克、米酒1/2杯、韭菜6根、酸菜丝150克

调味料 seasoning

盐少许、沙茶酱适量

做法 recipe

1. 猪大肠、大骨洗净用热开水汆烫过；葱洗净切段；姜切片；猪血洗净切小块；韭菜切小段；酸菜丝洗净，备用。
2. 取一内锅放入猪大肠、一半的葱段与姜片、米酒及水4杯。
3. 将内锅放入电锅中，外锅放杯2水，盖锅盖后按下开关，待开关跳起后捞起大肠洗净切段。
4. 另取一内锅放入大骨、剩余一半的葱段与姜片、米酒及水8杯，外锅放杯2水，盖锅盖后按下开关，待开关跳起后捞除大骨，放入猪大肠段、猪血、酸菜丝。
5. 外锅再放1/2杯水，盖锅盖后按下开关，待开关跳起后加盐、沙茶酱调味，食用前撒上韭菜段即可。

146 玉米浓汤

材料 ingredient

罐头玉米粒1罐、玉米酱1/2罐、洋葱50克、鸡蛋1个、青葱1根、香油1大匙、水淀粉2大匙、高汤1000毫升、火腿片2片、盐少许、白胡椒粉少许

做法 recipe

1. 洋葱切丁；青葱切葱花；火腿片切丁，备用。
2. 内锅加入1000毫升的水，放入洋葱丁、玉米粒、玉米酱，外锅倒1.5杯水，盖上盖子、按下开关。
3. 待开关跳起后，打开锅盖，鸡蛋打散倒入汤中，外锅再加1/4杯水，盖上锅盖，按下开关，煮至汤滚时，打开锅盖，慢慢倒入水淀粉勾芡，加入白胡椒、盐、香油拌匀，盛碗后撒上葱花、火腿丁即可。

147 酸辣汤饺

材料 ingredient

生水饺15个、嫩豆腐1/2块、猪血100克、肉丝50克、竹笋丝30克、胡萝卜丝20克、鸡蛋1个、淀粉1大匙、水1大匙

调味料 seasoning

白胡椒1大匙、盐1小匙、陈醋3大匙、白醋3大匙

做法 recipe

1. 内锅加入5杯水，放入切块的嫩豆腐、猪血、肉丝、竹笋丝、胡萝卜丝、生水饺，外锅倒入1.5杯水，盖上盖子、按下开关。
2. 待开关跳起后，淀粉加水调匀，倒入汤中勾芡，再将鸡蛋打散倒入汤中，盖上锅盖焖30秒，加入所有调味料拌匀，盛碗后撒上葱花即可。

148冬瓜贡丸汤

材料 ingredient

贡丸·················· 200克
冬瓜·················· 500克
姜丝·················· 5克
水·················· 800毫升
芹菜末·················· 20克

调味料 sseasoning

盐·················· 1/2小匙
鸡精·················· 1/4小匙
白胡椒粉·················· 1/8小匙

做法 recipe

1. 将冬瓜去皮去籽后切小块，洗净后与贡丸、姜丝一起放入汤锅中，倒入水。
2. 电锅外锅放入2/3杯水，放入汤锅。
3. 按下开关蒸至开关跳起后加入芹菜末及所有调味料调味即可。

149玉米猪龙骨汤

材料 ingredient

猪龙骨·················· 300克
玉米·················· 500克
姜片·················· 15克
水·················· 800毫升

调味料 seasoning

盐·················· 1/2小匙
鸡精·················· 1/4小匙
米酒·················· 20毫升

做法 recipe

1. 将猪龙骨剁小块，玉米去壳去须后切小块，一起放入滚水中氽烫约10秒后，取出洗净与姜片一起放入汤锅中，倒入水、米酒。
2. 电锅外锅倒入1杯水，放入做法1的汤锅。
3. 按下开关蒸至开关跳起后加入其余调味料调味即可。

150 火腿冬瓜夹汤

材料 ingredient

火腿·············· 100克
冬瓜·············· 500克
姜片·············· 15克
水················ 800毫升

调味料 seasoning

盐················ 1/2小匙
鸡精·············· 1/4小匙
米酒·············· 20毫升

做法 recipe

1. 将冬瓜去皮去籽后切成长方厚片，再将厚片中间横切但不切断成蝴蝶片；火腿切薄片，备用。
2. 将材料一起放入滚水中汆烫约10秒后，取出洗净。
3. 再将金华火腿夹入冬瓜片中与姜片一起放入汤锅中，倒入水、米酒。
4. 电锅外锅倒入2/3杯水，放入汤锅。
5. 按下开关蒸至开关跳起后加入其余调味料调味即可。

151 玉米鱼干排骨汤

材料 ingredient
梅花排（肩排）200克、玉米1根、胡萝卜50克、小鱼干15克、老姜片10克

调味料 seasoning
盐1/2小匙、鸡精1/2小匙、绍兴酒1小匙

做法 recipe
1. 梅花排剁小块、氽烫洗净，备用。
2. 玉米切段、胡萝卜切滚刀块，分别氽烫后沥干，备用。
3. 小鱼干略冲洗后沥干，备用。
4. 取一内锅，放入梅花排、玉米段、胡萝卜块、小鱼干，再加入老姜片、800毫升水及所有调味料。
5. 将做法4的内锅放入电锅里，外锅加入1杯水，盖上锅盖、按下开关，煮至开关跳起后，捞除姜片即可。

152 海带排骨汤

材料 ingredient
梅花排·············· 200克
海带················· 1条
胡萝卜·············· 80克
老姜片·············· 15克

调味料 seasoning
盐··················· 1/2小匙
米酒················· 1小匙

做法 recipe
1. 梅花排剁小块、氽烫洗净，备用。
2. 海带冲水略洗，剪3厘米段状，备用。
3. 胡萝卜去皮切滚刀块，备用。
4. 取一内锅，放入梅花排、海带段、胡萝卜块，再加入老姜片、800毫升水及所有调味料。
5. 将内锅放入电锅里，外锅加入1杯水，盖上锅盖、按下开关，煮至开关跳起后，捞除姜片即可。

153 黄瓜排骨汤

材料 ingredient

排骨	300克
大黄瓜	500克
姜片	15克

调味料 seasoning

盐	1/2小匙
鸡精	1/4小匙
米酒	20毫升

做法 recipe

1. 将排骨剁小块，大黄瓜去皮去籽后切小块，一起放入滚水中氽烫约10秒后，取出洗净与姜片一起放入汤锅中，倒入水800毫升、米酒。
2. 电锅外锅倒入1杯水，放入汤锅。
3. 按下开关蒸至开关跳起后加入其余调味料调味即可。

154 冬瓜排骨汤

材料 ingredient

冬瓜	600克
排骨	300克
姜丝	15克

调味料 seasoning

盐	适量

做法 recipe

1. 冬瓜去皮洗净切小块；排骨用热开水洗净沥干，备用。
2. 取一内锅放入排骨、冬瓜块、姜丝及6杯水。
3. 将内锅放入电锅中，外锅放2杯水，盖锅盖后按下开关，待开关跳起后加盐调味即可。

155 青木瓜腩排汤

材料 ingredient

腩排·················200克
青木瓜·············100克
姜片·················10克
葱白·················2根

调味料 seasoning

盐·····················1/2小匙
鸡精·················1/2小匙
绍兴酒·················1小匙

做法 recipe

1. 腩排剁小块、汆烫洗净，备用。
2. 青木瓜去皮切块、汆烫后沥干，备用。
3. 姜片、葱白用牙签串起，备用。
4. 取一内锅，放入腩排块、青木瓜块、葱白、姜片，再加入800毫升水及所有调味料。
5. 将内锅放入电锅里，外锅加入1杯水，盖上锅盖、按下开关，煮至开关跳起后，捞除姜片、葱白即可。

156 苦瓜排骨汤

材料 ingredient

青苦瓜1/2个、排骨300克、小鱼干10克

调味料 seasoning

盐少许

做法 recipe

1. 青苦瓜洗净去籽、去白膜，切段备用。
2. 小鱼干泡水软化沥干；排骨用热开水洗净沥干，备用。
3. 取一内锅放入排骨、苦瓜、小鱼干及6杯水。
4. 将内锅放入电锅中，外锅放2杯水，盖锅盖后按下开关，待开关跳起后加盐调味即可。

 小常识

苦瓜的苦味大部分来自籽以及里面的那层白膜，如果非常害怕这种苦味，记得白膜要刮除干净，苦瓜吃起来就不会那么苦。

157 苦瓜排骨酥汤

材料 ingredient

排骨酥	200克
苦瓜	150克
姜片	15克

调味料 seasoning

盐	1/2小匙
鸡精	1/4小匙
米酒	20毫升

做法 recipe

1. 将苦瓜去籽后切小块，放入滚水中汆烫约10秒后，取出洗净与排骨酥、姜片一起放入汤锅中倒入水800毫升及米酒。
2. 电锅外锅倒入1杯水，放入汤锅。
3. 按下开关蒸至开关跳起后加入其余调味料调味即可。

158 芥菜排骨汤

材料 ingredient

小排	200克
芥菜心	100克
老姜片	15克

调味料 seasoning

盐	1/2小匙
鸡精	1/2小匙
绍兴酒	1小匙

做法 recipe

1. 小排剁块、汆烫洗净，备用。
2. 芥菜削去老叶、切对半洗净，汆烫后过冷水，备用。
3. 取一内锅，放入小排、芥菜，再加入姜片、800毫升水及所有调味料。
4. 将内锅放入电锅里，外锅加入1杯水，盖上锅盖、按下开关，煮至开关跳起后，捞除姜片即可。

159 黄花菜排骨汤

材料 ingredient
干黄花菜20克、排骨300克、香菜适量

调味料 seasoning
盐少许

做法 recipe
1. 干黄花菜泡水软化沥干；排骨用热开水洗净沥干，备用。
2. 取一内锅放入排骨、黄花菜及8杯水。
3. 将内锅放入电锅中，外锅放1杯水，盖锅盖后按下开关，待开关跳起后加入所有调味料、香菜即可。

小常识
选购干黄花菜时要选择颜色不要太黄的，如果颜色太鲜艳可能是加了过多的化学添加物，另外花的形状要完好，以花瓣没有明显脱落的为佳。

160 大头菜排骨汤

材料 ingredient
排骨······· 300克
大头菜······· 1/2个
老姜······· 30克
葱······· 1根

调味料 seasoning
盐······· 1小匙

做法 recipe
1. 将排骨剁小块，放入滚水汆烫后捞出备用。
2. 大头菜去皮、切滚刀块，放入滚水汆烫后捞出备用。
3. 老姜去皮切片；葱只取葱白洗净，备用。
4. 将所有食材、600毫升水和调味料，放入内锅中，外锅加1杯水，按下开关，煮至开关跳起，捞除葱白即可。

161
莲藕排骨汤

材料 ingredient
腩排………… 200克
莲藕………… 100克
陈皮………… 1片
老姜片……… 10克
葱白………… 2根

调味料 seasoning
盐…………1/2小匙
鸡精………1/2小匙
绍兴酒……… 1小匙

做法 recipe、

1. 腩排剁小块、氽烫洗净，备用。
2. 莲藕去皮切块、氽烫后沥干；陈皮泡软、削去内部白膜，备用。
3. 姜片、葱白用牙签串起，备用。
4. 取一内锅，放入腩排块、莲藕块、陈皮、姜片、葱白，再加入800毫升水及所有调味料。
5. 将内锅放入电锅里，外锅加入1杯水，盖上锅盖、按下开关，煮至开关跳起后，捞除姜片、葱白即可。

小常识

莲藕较细小的前端较幼嫩，口感较清脆，适合凉拌、清炒等时间较短的烹调方式；较粗大的后段则适合制作需长时间炖煮的汤品。

162 南瓜排骨汤

材料 ingredient

腩排…………200克
南瓜…………100克
姜片…………15克
葱白 …………2根

调味料 seasoning

盐…………1/2小匙
鸡精…………1/2小匙
绍兴酒………1小匙

做法 recipe

1. 腩排剁小块、氽烫洗净，备用。
2. 南瓜去皮切块，氽烫后沥干，备用。
3. 姜片、葱白用牙签串起，备用。
4. 将所有材料，再加入800毫升水及所有调味料。
5. 将内锅放入电锅里，外锅加入1杯水，盖上锅盖、按下开关，煮至开关跳起后，捞除姜片、葱白即可。

163 菜豆干排骨汤

材料 ingredient
菜豆干·················· 50克
排骨·················· 300克

调味料 seasoning
盐·················· 少许

做法 recipe
1. 菜豆干洗净泡水；排骨用热开水洗净沥干，备用。
2. 取一内锅放入排骨、菜豆干及6杯水。
3. 将内锅放入电锅中，外锅放1杯水，盖锅盖后按下开，待开关跳起后加盐调味即可。

164 花生米豆排骨汤

材料 ingredient
小排200克、脱皮花生2大匙、米豆1大匙、红枣5颗、姜片10克、葱白2根

调味料 seasoning
盐1/2小匙、鸡精1/2小匙

做法 recipe
1. 花生、米豆泡水约8小时后沥干；红枣洗净，备用。
2. 排骨剁小块、汆烫洗净，备用。
3. 姜片、葱白用牙签串起，备用。
4. 取一内锅，放入所有材料，再加入800毫升水及所有调味料。
5. 将内锅放入电锅里，外锅加入1杯水，盖上锅盖、按下开关，煮至开关跳起后，捞除姜片、葱白即可。

165 红白萝卜肉骨汤

材料 ingredient

腩排200克、白萝卜80克、胡萝卜50克、蜜枣1颗、陈皮1片、罗汉果1/4个、南杏1小匙、老姜片15克、葱白2根

调味料 seasoning

盐1/2小匙、鸡精1/2小匙、绍兴酒1小匙

做法 recipe

1. 蜜枣洗净；陈皮泡水至软，削去白膜；南杏泡水8小时；罗汉果去壳，备用。
2. 腩排剁小块、氽烫洗净；姜片、葱白用牙签串起，备用。
3. 红、白萝卜去皮、切滚刀块，氽烫后沥干，备用。
4. 取一内锅，放入做法1、2、3的材料，再加入800毫升水及所有调味料。
5. 将做法4的内锅放入电锅里，外锅加入1杯水，盖上锅盖、按下开关，煮至开关跳起后，捞除姜片、葱白即可。

166 糙米黑豆排骨汤

材料 ingredient

糙米	600克
黑豆	200克
排骨	600克
姜片	10克

调味料 seasoning\

盐	2小匙
鸡精	1小匙
料理米酒	1小匙

做法 recipe

1. 将糙米与黑豆洗净后泡水，糙米要浸泡30分钟，黑豆要浸泡2小时。
2. 排骨剁成约4厘米长的块，氽烫2分钟后，捞起用冷水冲洗去除肉上杂质血污。
3. 取锅加入13杯水、浸泡好的糙米、黑豆及排骨、姜片，放入电锅中，外锅加2杯水按下开关，待开关跳起。
4. 再将所有调味料放入，外锅再加1/2杯水续煮一次即可。

167
萝卜排骨酥汤

材料 ingredient

排骨(五花排)300克、白萝卜150克、油葱酥1小匙、地瓜粉3大匙、蛋液2大匙

调味料 seasoning

A. 酱油1小匙、盐1/2小匙、糖1/4小匙、米酒1小匙、五香粉1/4小匙

B. 盐1/2小匙、胡椒粉1/4小匙

做法 recipe

1. 排骨剁小块，约2厘米×1.5厘米，洗净沥干备用。
2. 白萝卜去皮切滚刀块，放入滚水汆烫后捞出冲凉备用。
3. 将排骨块、调味料A及油葱酥，用筷子不断搅拌至粘稠，再加入蛋液及地瓜粉拌匀。
4. 热一锅油，油温热至约160℃，逐块放入腌肉块，先用小火炸3分钟，再转中火炸至表面酥脆，捞出沥干油分即成排骨酥。
5. 将排骨酥和萝卜块、600毫升水和调味料B的盐，放入内锅中，外锅加2杯水，按下开关，煮至开关跳起，掀开锅盖，加入胡椒粉略焖即可。

168 胡椒猪肚汤

材料 ingredient

猪肚1个、干白果1大匙、腐竹1根、老姜片10片、葱白4根、白胡椒粒1大匙

调味料 seasoning

盐1/2小匙、鸡精1/2小匙、米酒1大匙

做做法 recipe

1. 干白果泡水约8小时后沥干；腐竹泡软剪5厘米段，备用。
2. 猪肚剪去油脂、翻面，加1大匙盐（材料外）搓洗净，再加1大匙白醋（材料外）搓洗冲净，放入滚水中汆烫3分钟后，捞出刮去白膜，备用。
3. 白胡椒粒放砧板上，用刀面压破；姜片、葱白用牙签串起，备用。
4. 取一内锅，放入做法1、2、3的材料，再加入800毫升水及所有调味料。
5. 将做法4的内锅放入电锅里，外锅加入2杯水，盖上锅盖、按下开关，煮至开关跳起后，捞除姜片、葱白，取出猪肚用剪刀剪小块后放回汤中即可。

169 酸菜猪肚汤

材料 ingredient

猪肚1个、酸菜心1个、姜片30克

调味料 seasoning

A. 葱2根、姜50克、八角4颗
B. 盐1/2小匙、胡椒粉适量

做法 recipe

1. 将酸菜心切小块，冲洗干净备用。
2. 猪肚剪去外表油脂，翻面加2大匙盐(分量外)搓洗后用水冲洗干净，再加2大匙白醋(分量外)搓洗后冲水洗净，放入滚水汆烫，捞出刮去肠膜备用。
3. 滚水加入调味料A，放入做法2的猪肚，用小火煮半小时捞出。
4. 将做法1的酸菜心块、做法3的猪肚、姜片、1000毫升水和盐，全部放入内锅中，外锅加2杯水，按下开关，煮至开关跳起，取出猪肚待凉切适当大小，再放回内锅并撒入胡椒粉即可。

170 熏腿肉白菜汤

材料 ingredient
熏腿骨1支（带碎肉）、包心白菜1棵、香菜少许

调味料 seasoning
盐少许

做法 recipe
1. 包心白菜剥叶洗净切段备用。
2. 取内锅放入做法1的白菜、熏腿骨及8杯水。
3. 将内锅放入电锅中，外锅放2杯水，盖锅盖后按下开关，待开关跳起加盐、香菜即可。

小常识
带有碎肉的熏腿骨可在超市卖烟熏火腿的专柜购得，通常是将熏火腿肉切片后剩下的骨头与碎肉部位，所以价格便宜，但是因为风味浓郁，非常适合用来熬汤头。用熏腿骨熬出来的汤，风味就像加了金华火腿一般鲜甜。

171 菠菜猪肝汤

材料 ingredient
猪肝⋯⋯⋯⋯⋯⋯⋯ 600克
姜丝⋯⋯⋯⋯⋯⋯⋯ 20克
菠菜⋯⋯⋯⋯⋯⋯⋯ 500克

调味料 seasoning
盐⋯⋯⋯⋯⋯⋯⋯1小匙
米酒⋯⋯⋯⋯⋯⋯ 30毫升

做法 recipe
1. 菠菜洗净切段；猪肝洗净切片，备用。
2. 将所有材料、米酒、800毫升水放入电锅中，外锅加1/2杯水，盖上锅盖，按下开关，待开关跳起，加入盐调味即可。

小常识
猪肝很容易熟，煮太久口感会变干涩，所以外锅千万不要加太多水。若喜欢更软嫩的口感，可等电锅煮到冒出蒸气，再放入猪肝，缩短煮的时间。

172 罗宋汤

材料 ingredient

牛肋条300克、西红柿1个、洋葱1/2个、圆白菜1/4个、西红柿糊1杯

调味料 seasoning

盐少许

做法 recipe

1. 牛肋条用热开水清洗后切丁；西红柿、洋葱、圆白菜洗净切丁，备用。
2. 外锅洗净按下开关加热，外锅中倒入少许油，放入做法1的洋葱丁爆香，再放入牛肋丁炒至焦黄。
3. 放入西红柿丁、圆白菜丁、西红柿糊及8杯水。
4. 盖锅盖炖煮约20分钟后，开盖加盐调味即可。

🍚小常识

电锅也可以直接用外锅爆炒材料，再加入其他食材炖煮，不过是直接用外锅来装食材，因此不能等到开关跳起，这样可能会导致整锅汤都干掉。

173 西红柿牛肉汤

材料 ingredient

牛腱心……………………1个
西红柿……………………1个
葱…………………………2根

调味料 seasoning

豆瓣酱……………………3大匙
盐…………………………少许

做法 recipe

1. 牛腱心用热开水清洗后切块；西红柿切块；葱切段，备用。
2. 外锅洗净按下开关加热，外锅中倒入少许油，放入做法1的葱段爆香，再放入牛腱块炒至焦黄。
3. 加入豆办酱炒香后，放入做法1的西红柿块及8杯水。
4. 盖锅盖炖煮约60分钟后，开盖加盐调味即可。

174 西红柿土豆牛腱汤

材料 ingredient

牛腱心约350克、土豆120克、西红柿2个、老姜片10克、葱白2根

调味料 seasoning

盐1/2小匙、鸡精1/2小匙、绍兴酒1小匙

做法 recipe

1. 牛腱心切小块、氽烫洗净，备用。
2. 土豆去皮切块、氽烫后沥干；西红柿洗净切块，备用。
3. 姜片、葱白用牙签串起，备用。
4. 取一内锅，放入做法1、2、3的材料，再加入800毫升水及所有调味料。
5. 将做法4的内锅放入电锅里，外锅加入1杯水，盖上锅盖、按下开关，煮至开关跳起后，捞除姜片、葱白即可。

175 清炖牛肉汤

材料 ingredient

牛腱心…………………… 1个
白萝卜…………………… 1根
香菜…………………… 30克

调味料 seasoning

盐…………………… 少许
白胡椒粒…………………5克

做法 recipe

1. 牛腱心用热升水清洗后切块；白萝卜去皮切大块；香菜洗净，白胡椒粒拍扁备用。
2. 取一内锅放入做法1的牛腱块、白萝卜块、香菜及白胡椒粒、8杯水。
3. 将内锅放入电锅中，外锅放3杯水，盖锅盖后按下开关，待开关跳起后，加盐调味即可。

176 红烧牛肉汤

材料 ingredient

牛腩300克、色拉油少许、胡萝卜150克、姜3片、青葱2支、花椒粒2克、大茴粉8克、肉桂粉5克

调味料 seasoning

黑豆瓣酱2大匙、辣椒酱1大匙

做法 recipe

1. 牛腩洗净用热开水冲过；胡萝卜洗净切块，备用。
2. 取一电锅，放入空内锅，外锅倒1/4杯水，盖上盖子、按下开关，待内锅热时倒入少许油，放入姜片、青葱段、花椒粒爆香，再放入黑豆瓣酱、辣椒酱炒香。
3. 于做法2的内锅中放8杯水，放入胡萝卜块、牛腩、大茴粉、肉桂粉，外锅再倒入2.5杯水，盖上盖子、按下开关，煮至开关跳起即可。

177 清炖鸡汤

材料 ingredient

鸡肉块600克、姜片5克、葱段30克

调味料 seasoning

盐1.5小匙、绍兴酒4大匙

做法 recipe

1. 鸡肉块放入沸水中汆烫去血水备用。
2. 将所有材料、绍兴酒放入电锅中,外锅加1杯水,盖上锅盖,按下开关,待开关跳起,续焖30分钟后,加入盐调味即可。

🍚 **小常识**

绍兴酒除了可以去腥之外,特殊的香气还可以使饭菜增色不少,因为清炖鸡汤的材料简单,也没有多余中药材的味道,用绍兴酒正好可以增加鸡汤的风味。

178 香菇鸡汤

材料 ingredient

鸡肉块600克、香菇12朵、红枣6颗、姜片5克

调味料 seasoning

盐1.5小匙、米酒2大匙

做法 recipe

1. 鸡肉块放入沸水中汆烫去血水;香菇泡水,备用。
2. 将所有材料与米酒、1200毫升水放入电锅内锅,外锅加1杯水,盖上锅盖,按下开关,待开关跳起,续焖30分钟后,加入其余调味料即可。

🍚 **小常识**

香菇鸡汤可以用干香菇也可以用鲜香菇,干香菇因为晒干后风味经过浓缩,味道会更浓郁,所以泡香菇的水不要丢弃,也可以加入汤中炖煮,精华都在里面。

179 芥菜蛤蜊鸡汤

材料 ingredient

芥菜·························· 适量
蛤蜊·························· 15个
小土鸡························1只

调味料 seasoning

盐··························· 少许

做法 recipe

1. 芥菜洗净，对剖两半；蛤蜊洗净泡水吐沙；土鸡洗净，备用。
2. 取一内锅，放入芥菜、蛤蜊、土鸡。放入电锅中，电锅外锅放2杯水，按下开关，待关关跳起，开盖加盐调味即可。

小常识

炖鸡汤是很多人都很爱的一道菜，用电锅煮汤是最聪明的选择，只要外锅加入适量的水，就能煮出清爽口感的好汤。

180 花瓜香菇鸡汤

材料 ingredient

罐头花瓜·················· 50克
鸡腿块·················· 200克
干香菇·················· 30克

调味料 seasoning

酱油·····················1大匙

做法 recipe

1. 干香菇洗净，泡入水中至软；鸡腿块洗净备用。
2. 取锅，放入罐头花瓜、鸡腿块、泡开的干香菇和调味料加水800毫升，放入电锅内，外锅加入2杯水，按下电锅开关至煮好开关跳起即可。

181 芥菜鸡

材料 ingredient
干贝2颗、米酒2大匙、土鸡1/2只、芥菜200克、姜30克、枸杞1大匙

调味料 seasoning
盐少许

做法 recipe
1. 干贝泡米酒放入电锅中，外锅加1/2杯水，蒸10分中软化取出剥丝备用。
2. 土鸡取肉切大块，用热开水冲洗净沥干备用。
3. 芥菜洗净切段；姜洗净切丝；枸杞洗净沥干，备用。
4. 取一内锅放入土鸡块、芥菜段、姜丝、枸杞及8杯水，撒上做法1的干贝丝。
5. 将内锅放入电锅中，外锅放2杯水，盖锅盖后按下开关，待开关跳起加盐调味即可。

182 萝卜干鸡汤

材料 ingredient

老萝卜干············ 5片
仿土鸡腿············ 1只
蒜················ 5瓣

做法 recipe

1. 老萝卜干洗净；蒜瓣拍扁，备用。
2. 仿土鸡腿切大块，用热开水洗净沥干备用。
3. 取一内锅放入鸡块、老萝卜干、蒜及8杯水。
4. 将内锅放入电锅，外锅放2杯水，盖锅盖后按下开关，待开关跳起后即可。

🍚 **小常识**

在取用老萝卜干时，记得使用没有水分而且干净的工具，以免让一整瓶的陈年老萝卜干受到污染而发霉败坏，那就太可惜了。

183 蛤蜊冬瓜鸡汤

材料 ingredient
鸡肉块……………… 400克
蛤蜊……………… 200克
冬瓜……………… 300克
姜片………………5克

调味料 seasoning
盐………………1.5小匙
米酒………………2大匙

做法 recipe
1. 鸡肉块放入沸水中氽烫去血水；蛤蜊浸泡清水吐沙后洗净；冬瓜去皮切块，备用。
2. 将所有材料与米酒、1000毫升水放入电锅中，外锅加1杯水，盖上锅盖，按下开关，待开关跳起，加入盐调味即可。

184 香菇凤爪汤

材料 ingredient
肉鸡脚……………… 300克
泡发香菇……………… 6朵
姜片……………… 20克

调味料 seasoning
盐………………1/2小匙
鸡精………………1/4小匙
米酒……………… 40毫升

做法 recipe
1. 将鸡脚的指甲及胫骨去掉，放入滚水中氽烫约10秒后洗净，泡发香菇与鸡脚、姜片一起放入汤锅中，倒入600毫升水及米酒。
2. 电锅外锅倒入1杯水，放入做法1的汤锅。
3. 按下开关蒸至开关跳起后加入其余调味料调味即可。

185 白菜凤爪汤

材料 ingredient

包心大白菜	400克
鸡脚	10只
姜	4片
葱段	1根

调味料 seasoning

盐	1小匙

做法 recipe

1. 包心大白菜用手剥成大片状洗净，放入滚水汆烫后捞出，用冷水冲凉沥干备用。
2. 鸡脚剪掉前面尖爪再剁半，放入滚水汆烫后捞出备用。
3. 将做法1、2的材料、姜片、葱段、500毫升水和调味料，全部放入内锅中，外锅加入1杯水，按下开关，煮至开关跳起即可。

186 栗子凤爪汤

材料 ingredient

鸡脚10只、栗子8颗、红枣6颗、老姜片15克、葱白2根

调味料 seasoning

盐1/2小匙、鸡精1/2小匙、绍兴酒1小匙

做法 recipe

1. 鸡脚剁去爪尖、汆烫洗净，备用。
2. 栗子在热水中浸泡、挑去余皮；红枣洗净，备用。
3. 姜片、葱白用牙签串起，备用。
4. 取一内锅，放入做法1、2、3的材料，再加入800毫升水及所有调味料。
5. 将做法4的内锅放入电锅里，外锅加入1.5杯水，盖上锅盖、按下开关，煮至开关跳起后，捞除姜片、葱白即可。

187 菠萝苦瓜鸡汤

材料 ingredient
苦瓜1/2个、小鱼干10克、仿土鸡腿1只

调味料 seasoning
酱菠萝2大匙

做法 recipe
1. 仿土鸡腿切大块，用热开水冲洗净沥干；小鱼干洗净泡水软化沥干；苦瓜去内膜、去籽切条，备用。
2. 取一内锅放入土鸡腿块、小鱼干、苦瓜、酱菠萝及8杯水。
3. 将内锅放入电锅中，外锅放2杯水，盖锅盖按下开关，待开关跳起即可。

🍚 小常识
　　煮肉之前最好先氽烫，可去除污血也可锁住肉的鲜味，煮过的汤头会更清澈，不过氽烫最好另起一锅水，怕麻烦可直接用热开水冲洗肉的表面，也有同样的效果。

188 竹笋鸡汤

材料 ingredient
竹笋·······················2个
仿土鸡腿·················1只
姜······················· 4片

调味料 seasoning
酱冬瓜·················2大匙

做法 recipe
1. 竹笋剥壳切块备用(若无新鲜可用真空包绿竹笋)。
2. 仿土鸡腿切大块，用热开水洗净沥干备用。
3. 取一内锅放入竹笋块、土鸡块、酱冬瓜、姜片及8杯水。
4. 将内锅放入电锅中，外锅放2杯水，盖锅盖后按下开关，待开关跳起即可。

189 蒜子鸡汤

材料 ingredient
土鸡···················· 200克
蒜头···················· 80克

调味料 seasoning
盐······················ 1/2小匙
鸡精···················· 1/4小匙
米酒···················· 40毫升

做法 recipe
1. 将土鸡肉剁小块放入滚水中汆烫后，与蒜头一起放入汤锅中，倒入600毫升水及米酒。
2. 电锅外锅倒入1杯水，放入做法1的汤锅。
3. 按下开关蒸至开关跳起后加入其余调味料调味即可。

190 蒜子蚬鸡汤

材料 ingredient
鸡肉块················· 400克
蚬······················ 200克
蒜仁···················· 50克
姜片···················· 10克

调味料 seasoning
盐······················ 1小匙
米酒···················· 2大匙

做法 recipe
1. 鸡肉块放入沸水中汆烫去血水；蚬放入清水中吐沙后洗净，备用。
2. 将所有材料与米酒、800毫升水放入电锅内锅，外锅加1/2杯水，盖上锅盖，按下开关，待开关跳起，续焖30分钟后，加入盐调味即可。

191 萝卜炖鸡汤

材料 ingredient
土鸡1/4只、白萝卜300克、老姜30克、葱
1根

调味料 seasoning
盐1小匙、米酒1大匙

做法 recipe
1. 土鸡剁小块，放入滚水中汆烫1分钟后捞
   出备用。
2. 白萝卜去皮切滚刀块，放入滚水汆烫1分
   钟捞出备用。
3. 老姜去皮切片；葱切段，备用。
4. 将做法1~3的所有食材、600毫升水和调
   味料，放入内锅中，外锅加1杯水，煮至开
   关跳起，捞除葱段即可。

192 牛蒡鸡汤

材料 ingredient

牛蒡茶包……………………1包
红枣…………………………6颗
棒棒鸡腿……………………2支

调味料 seasoning

盐……………………………适量

做法 recipeA

1. 红枣洗净备用。
2. 棒棒鸡腿用热开水洗净沥干备用。
3. 取一内锅放入棒棒鸡腿、红枣、牛蒡茶包及5杯水。
4. 将内锅放入电锅，外锅放1杯水，盖锅盖后按下开关，待开关跳起后加盐调味即可。

193
胡椒黄瓜鸡汤

材料 ingredient
土鸡·············1/2只
大黄瓜·········1/2根
白胡椒粒······1.5小匙

调味料 seasoning
盐··············1/2小匙
鸡精···········1/2小匙
绍兴酒·········· 1小匙

做法 recipe
1. 土鸡剁小块、氽烫洗净，备用。
2. 大黄瓜去皮、洗净，去籽切块，备用。
3. 白胡椒粒放砧板上，用刀面压破，备用。
4. 取内锅，放入做法1、2、3的材料，再加入800毫升水及所有调味料。
5. 将做法4的内锅放入电锅里，外锅加入1杯水，盖上锅盖、按下开关，煮至开关跳起后即可。

194 干贝竹荪鸡汤

材料 ingredient
干贝7个、竹荪10朵、土鸡600克、姜片20克

调味料 seasoning
盐2小匙、鸡精1小匙、料理米酒50克

做法 recipe
1. 将干贝用清水洗净泡水（盖过干贝），放入电锅中，外锅加1/2杯水蒸30分钟。
2. 将土鸡用热水氽烫5分钟至皮缩后捞出过冷水备用。
3. 将竹荪泡水约20分钟至软，捞出切成2厘米段状，再用滚水氽烫1分钟，捞出过冷水，用清水洗净竹荪内的细砂备用。
4. 取另一内锅，加15杯水，把做法1~3的干贝、土鸡、竹荪与姜和所有调味料放入内锅中，外锅加入2杯水，按下开关煮至开关跳起即可。

195 香菇竹荪鸡汤

材料 ingredient
土鸡1/2只、干香菇8朵、竹荪5根、老姜片10克、葱白2根

调味料 seasoning
盐1/2小匙、鸡精1/2小匙、绍兴酒1小匙

做法 recipe
1. 土鸡剁小块、氽烫洗净；老姜片、葱白用牙签串起；干香菇泡水至软，剪掉蒂头；竹荪泡水，剪成长3厘米段，备用。
2. 取一内锅，放入做法1的所有材料，再加入800毫升水及所有调味料。
3. 将内锅放入电锅里，外锅加入1杯水，盖上锅盖、按下开关，煮至开关跳起，捞除姜片、葱白即可。

 小常识

煮汤要使用干香菇才会散发出独有的香气，如果用新鲜香菇味道偏淡。

196 山药乌骨鸡汤

材料 ingredient
乌骨鸡1/4只、山药150克、枸杞1小匙、老姜片10克、葱白2根

调味料 seasoning
盐1/2小匙、鸡精1/2小匙、绍兴酒1小匙

做法 recipe
1. 乌骨鸡剁小块、氽烫洗净，备用。
2. 山药去皮切块，氽烫后过冷水，备用。
3. 姜片、葱白用牙签串起，备用。
4. 取一内锅，放入做法1、2、3的材料，再加入枸杞、800毫升水及所有调味料。
5. 将做法4的内锅放入电锅，外锅加入1杯水，盖上锅盖、按下开关，煮至开关跳起，捞除姜片、葱白即可。

197 茶油鸡汤

材料 ingredient

鸡翅	500克
茶油	3大匙
姜片	20克
枸杞	10克

调味料 seasoning

盐	少许
米酒	200毫升

做法 recipe
1. 鸡翅洗净，冲入沸水烫去血水、捞起，以冷水洗净备用。
2. 茶油、姜片，做法1的鸡翅、米酒、800毫升热水放入内锅中。
3. 外锅加1杯水，按下开关，煮至跳起，再焖5分钟，加入枸杞与盐调味即可。

198木耳鸡翅汤

材料 ingredient

新鲜黑木耳	150克
红枣	6颗
姜	10克
二节鸡翅	5只

调味料 seasoning

盐	适量

做法 recipe

1. 黑木耳洗净、去蒂头，放入果汁机加少许水打成汁；姜切丝；红枣洗净，备用。
2. 鸡翅用热开水洗净沥干备用。
3. 取一内锅放入黑木耳汁、红枣、鸡翅、姜丝及6杯水。
4. 将内锅放入电锅，外锅放1杯水，盖锅盖后按下开关，待开关跳起后加盐调味即可。

小常识

黑木耳打碎后再烹煮会产生很多的胶质，加上鸡翅也富含大量的胶质，因此这碗汤虽然是清汤，但是却有羹汤一般浓稠的口感。

199
糙米浆鸡汤

材料 ingredient

糙米…………… 100克
水……………1500毫升
红枣…………… 12颗
川芎…………… 3片
枸杞…………… 10克
土鸡……………1/2只
姜……………… 2片

调味料 seasoning

盐…………… 1小匙
米酒……… 100毫升

做法 recipe

1. 糙米洗净，泡水约5
   小时后，沥干放入果
   汁机中，再加入800
   毫升的水一起搅打成
   米浆，再以剩余700
   毫升的水拌匀备用。
2. 将红枣、川芎、枸杞
   分别洗净、沥干，
   备用。
3. 土鸡肉洗净切大块，
   放入沸水中氽烫后捞
   出，冲去污血备用。
4. 取一内锅，放入做法
   1、2、3的材料，再
   加入姜片、米酒，外
   锅加入1.5杯水，按
   下电锅开关煮至跳
   起后，添加盐调味
   即可。

200 酸菜鸭汤

材料 ingredient

鸭肉·················· 300克
酸菜心·············· 100克
姜片··············· 15克

调味料 seasoning

盐···················· 1/2小匙
鸡精················ 1/4小匙
米酒················· 20毫升

做法 recipe

1. 将鸭肉剁小块，酸菜心切片，一起放入滚水中氽烫约10秒后，取出洗净与姜片一起放入汤锅中倒入600毫升水、米酒。
2. 电锅外锅倒入1杯水，放入做法1的汤锅。
3. 按下开关蒸至开关跳起后加入其余调味料调味即可。

201 姜丝豆酱炖鸭

材料 ingredient

米鸭····················· 1/2只
老姜··················· 50克

调味料 seasoning

盐····················· 少许
鸡精················· 少许
客家豆酱·············5大匙

做法 recipe

1. 米鸭剁小块，放入滚水氽烫后捞出备用。
2. 老姜去皮，切细丝备用。
3. 将做法1、2的食材、所有调味料和1000毫升水，放入内锅中再放入电锅，外锅加入2杯水按下开关，煮至开关跳起即可。

202 鲜鱼味噌汤

材料 ingredient

鲜鱼·······························1条
葱·······························1根

调味料 seasoning

味噌························ 4大匙

做法 recipe

1. 鲜鱼去鳞去内脏洗净切块；葱切葱花，备用。
2. 取一内锅，加水4杯后放入电锅中，外锅放1杯水，盖锅盖后按下开关。
3. 待做法2的水滚放入做法1的鲜鱼块，盖上锅盖待水再度滚沸时，放入味噌搅拌均匀，撒入葱花即可。

203 山药鲈鱼汤

材料 ingredient

鲈鱼····················· 700克
山药····················· 200克
姜丝····················· 10克
枸杞····················· 10克

调味料 seasoning

盐·······················1小匙
米酒····················· 30毫升

做法 recipe

1. 鲈鱼切块后洗净；山药去皮切小块，备用。
2. 将所有材料、800毫升水、米酒放入电锅中，外锅加1/2杯水，盖上锅盖，按下开关，待开关跳起，加入盐调味即可。

204
西红柿鱼汤

材料 ingredient

炸鱼⋯⋯⋯⋯⋯ 1条
葱⋯⋯⋯⋯⋯⋯ 1根
西红柿⋯⋯⋯⋯ 1个
番茄酱⋯⋯⋯ 5大匙
糖⋯⋯⋯⋯⋯ 1大匙

调味料 seasoning

盐⋯⋯⋯⋯⋯ 少许

做法 recipe

1. 葱洗净切段；西红柿洗净去蒂头切块；炸鱼切块，备用。
2. 取一内锅，放入葱段、西红柿块、番茄酱、糖、1000毫升水放入电锅中，外锅放1杯水，按下启动开关。
3. 待开关跳起，放入炸鱼块，外锅再放1/2杯水，按下启动开关，待开关跳起，加盐调味即可。

 小常识

炸鱼用于煮汤让肉质变得易入口，搭配红通通的西红柿同煮美味且香气十足。

205 姜丝鲫鱼汤

材料 ingredient
鲫鱼1条（约180克）、豆腐200克、姜丝20克、香菜适量

调味料 seasoning
盐1/2小匙、鸡精1/4小匙、米酒1小匙、香油1/4小匙

做法 recipe
1. 鲫鱼洗净后置于汤锅（或内锅）中；豆腐切小块与姜丝、800毫升水一起放入汤锅（或内锅）中。
2. 电锅外锅加入1杯水，放入做法1的汤锅，盖上锅盖，按下开关，蒸至开关跳起。
3. 取出做法2的鱼汤后，再加入盐、鸡精、米酒及香油调味，并放上香菜即可。

206 蒜姜炖鳗鱼汤

材料 ingredient
鳗鱼400克、蒜头80克、姜片10克

调味料 seasoning
盐1/2小匙、鸡精1/4小匙、米酒1小匙

做法 recipe
1. 鳗鱼洗净切小段后置于汤锅（或内锅）中，蒜头、米酒与姜片、800毫升水一起放入汤锅（或内锅）中。
2. 电锅外锅加入1杯水，放入汤锅，盖上锅盖按下开关蒸至开关跳起。
3. 取出做法2的鳗鱼后，加入盐、鸡精调味即可。

207
姜丝鲜鱼汤

材料 ingredient

鲜鱼	1条
姜	30克
葱	1根
米酒	2大匙
枸杞	1大匙

调味料 seasoning

盐	少许

做法 recipe

1. 鲜鱼去鳞去内脏后切大块；姜切丝；葱切段，备用。
2. 取一内锅加4杯水放入电锅中，外锅放1/2杯水，盖锅盖后按下开关。
3. 待做法2内锅的水滚后开盖，放入做法1的鲜鱼、姜丝、米酒、葱段。
4. 外锅再放1/2杯水，盖锅盖后按下开关，待开关跳起后，加盐调味、撒上枸杞即可。

🍲 小常识

鱼肉非常容易熟，如果炖煮太久肉质会变老变涩且容易散开，吃起来口感就不好了，因此外锅先用半杯水将内锅中的水煮沸后，外锅再加半杯水，放入鱼肉炖煮就不会煮过头。

208 鲜蚬汤

材料 ingredient
蚬600克、姜20克、米酒2大匙、葱花少许

调味料 seasoning
盐少许

做法 recipe
1. 姜切丝；蚬泡水吐沙洗净，备用。
2. 取一内锅加4杯水放入电锅中，外锅放1/2杯水，盖锅盖后按下开关。
3. 待做法2内锅中的水滚后开盖，放入姜丝、蚬、米酒。
4. 外锅再放1/2杯水，盖锅盖后按下开关，待开关跳起后，加盐调味撒上葱花即可。

209 冬瓜干贝汤

材料 ingredient
冬瓜600克、干贝2颗、火腿2片、米酒适量

调味料 seasoning
盐少许

做法 recipe
1. 冬瓜去皮加1杯水用果汁机打成泥；火腿切末，备用。
2. 干贝泡米酒放入电锅中，外锅放半杯水；盖锅盖后按下开关，蒸10分钟后取出剥丝备用。
3. 取一内锅放入做法1的冬瓜泥、火腿末、做法2的干贝丝及6杯水。
4. 将内锅放入电锅中，外锅放1杯水，盖锅盖后按下开关，待开关跳起后，加盐调味即可。

210 黄豆芽蛤蜊辣汤

材料 ingredient

黄豆芽················· 100克
蛤蜊····················· 6颗
豆腐······················1块
韩式泡菜··············· 100克

调味料 seasoning

韩式辣椒酱···········3大匙
韩式辣椒粉···········2大匙
盐······················ 少许

做法 recipe

1. 黄豆芽洗净；蛤蜊泡水吐沙洗净；豆腐切小块，备用。
2. 取一内锅，放入做法1黄豆芽、韩式泡菜、韩式辣椒酱、韩式辣椒粉及6杯水。
3. 将做法2放入电锅中，外锅放1杯水，盖锅盖后按下开关。
4. 待开关跳起，再放入蛤蜊，外锅再放1/2杯水，盖锅盖按下启动开关，待开关跳起后，加盐调味即可。

211 牡蛎萝卜泥汤

材料 ingredient

牡蛎300克、萝卜1条、淀粉适量

调味料 seasoning

酱油3大匙、盐1/2小匙

做法 recipe

1. 萝卜磨泥；牡蛎洗净，裹上一层薄薄淀粉备用。
2. 取一内锅，放入做法1的萝卜泥及3杯水，再加入酱油拌匀。
3. 将做法2放入电锅中，外锅放1杯水，盖锅盖后按下开关，待开关跳起后，放入做法1的牡蛎。
4. 外锅再放1/2杯水，盖锅盖按下开关，待开关跳起后，加入盐调味即可。

212
鱿鱼螺肉汤

材料 ingredient
螺肉罐头……… 1罐
泡发鱿鱼……… 1条
蒜苗………… 2棵

调味料 seasoning
盐…………… 少许

做法 recipe
1. 螺肉罐打开，汤汁与螺肉分开；发泡鱿鱼切条；蒜苗切斜段，备用。
2. 取一内锅放入做法1的螺肉汤汁及适量水。
3. 内锅放入电锅中，外锅放1杯水，盖锅盖后按下开关，待水滚放入做法1的鱿鱼条、螺肉及盐。
4. 起锅前加入蒜苗段即可。

小常识
螺肉罐头的汤汁带有浓郁的甜味，若不习惯甜味那么重可以多加些水，或斟酌罐头汤汁的分量。

213 海鲜西红柿汤

材料 ingredient

西红柿1个、洋葱1/2个、鲜鱼1条、鲜虾6只、乌贼1/2只、蛤蜊6个

调味料 seasoning

西红柿糊1/2杯、盐少许

做法 recipe

1. 西红柿、洋葱洗净切丁；鲜鱼去鳞去内脏洗净切块；鲜虾洗净剪须；乌贼去内脏洗净切圈型；蛤蜊泡水吐沙洗净，备用。
2. 外锅洗净后按下启动开关加热，外锅中倒入少许油，放入做法1的洋葱丁、西红柿丁炒香后加8杯水。
3. 加入西红柿糊搅拌均匀，按下开关，盖锅盖煮约20分钟，开盖放入做法1的海鲜料，续煮约5分钟，加盐调味即可。

214 草菇海鲜汤

材料 ingredient

草菇100克、蟹肉100克、鲜虾6只、乌贼1只、蛤蜊6个、洋葱1/2个、西芹1根

调味料 seasoning

盐少许、鲜奶油适量

做法 recipe

1. 草菇洗净沥干；蟹肉用热开水洗过；虾洗净头尾分开；乌贼去内脏洗净切圈状；蛤蜊泡水吐沙洗净，备用。
2. 西芹洗净切段；洋葱切块，备用。
3. 外锅洗净按下开关加热，外锅中倒入少许油，放入做法2的洋葱块、西芹段炒香后，加6杯水。
4. 按下开关，盖锅盖煮约10分钟，开盖放入做法1的所有海鲜料，盖上锅盖续煮5分钟，加鲜奶油、盐调味即可。

215 泰式海鲜酸辣汤

材料 ingredient

小西红柿………………	6颗
鲜虾…………………	6只
乌贼…………………	1只
蛤蜊…………………	6个
罗勒…………………	适量

调味料 seasoning

泰式酸辣酱…………	6大匙
柠檬汁………………	2大匙

做法 recipe

1. 小西红柿洗净切半；虾洗净头尾分开；乌贼去内脏洗净切圈型；蛤蜊泡水吐沙洗净，备用。
2. 取一内锅，放入虾头及6杯水。
3. 将做法2放入电锅中，外锅放1杯水，盖锅盖后按下开关，待开关跳起后，放入泰式酸辣酱拌匀。
4. 外锅再放1/2杯水按下开关，放入做法1的所有海鲜料，盖锅盖后按下开关，待开关跳起，加柠檬汁及罗勒即可。

216 青蒜西芹鸡汤

材料 ingredient

青蒜苗……………………2棵
西芹…………………………1棵
洋葱………………………1/2个
去骨鸡腿…………………1只
鲜奶油……………………适量

调味料 seasoning

盐…………………………少许

做法 recipe

1. 青蒜苗、西芹洗净切段；洋葱切丁，备用。
2. 去骨鸡腿切小块，用热开水冲洗净沥干备用。
3. 外锅放1/4杯水按下开关。
4. 取一内锅放入做法3中，待锅热到入少许油，放入蒜苗、洋葱丁、西芹段爆香。
5. 再放入鸡腿块炒香，加入8杯水，外锅放1.5杯水，盖锅盖后按下开关，待开关跳起，加入鲜奶油拌均匀，加盐调味后即可。

 小常识

电锅除了炖煮外，也可以用来炒东西，外锅加水待热后，放入内锅就可以了，如果电锅外锅很干净，还可以直接把外锅当炒锅用，不过记得烹饪后要将外锅洗净。

217 萝卜荸荠汤

材料 ingredient
荸荠200克、白萝卜150克、胡萝卜100克、芹菜段适量、姜片15克

调味料 seasoning
盐1/2小匙、鸡精1/4小匙

做法 recipe
1. 将荸荠去皮，白萝卜及胡萝卜去皮后切小块，一起放入滚水中氽烫约10秒后，取出洗净与姜片一起放入汤锅中，倒入800毫升水。
2. 电锅外锅放入1杯水，放入做法1的汤锅。
3. 按下开关蒸至开关跳起后加入芹菜段与所有调味料调味即可。

218 萝卜牛蒡汤

材料 ingredient
胡萝卜100克、白萝卜150克、白萝卜叶80克、牛蒡80克、干香菇10朵、姜片10克

调味料 seasoning
盐1.5小匙、绍兴酒1大匙

做法 recipe
1. 胡萝卜及白萝卜洗净去皮切小块，牛蒡去皮切片，白萝卜叶洗净切段，备用。
2. 将所有材料、绍兴酒放入电锅中，加水1000毫升外锅加1杯水，盖上锅盖，按下开关，待开关跳起后，加入盐调味即可。

电锅炖补
真方便
ELECTRIC POT

只要听到炖补汤时，许多人印象中都是三碗水煎成一碗水，难免会觉得费时又费功，这时候只要利用电锅就能让你轻松不费事，两大步骤完成炖补过程，首先将食材与药材处理好，接下来只要放入电锅中按下开关，就能等着品尝。

电锅炖补 药材有学问

仙草

仙草熬煮出来的汤汁是夏季消暑茶饮，冷却后成凝胶状有滑嫩口感。除了熬成仙草茶之外，还可以冷却成仙草冻当冰品食用，冬天还可以制成烧仙草，也可入菜搭配鸡肉或排骨熬汤。

莲子

莲子取材于莲藕的种子，分为有芯跟无芯，若买的是有芯的莲子，烹调前必须先去心，并剥去表面的薄膜，再以冷水浸泡。莲子是一种很好的养生食材。近年来流行养生风，开始把莲子放入豆花的配料当中，吃起来松松香香的莲子是许多女孩子的最爱，吃完后带有一股荷花的清香，能够去除糖水的甜腻感，让人保持清新的感觉。

山药

山药是薯蓣科植物的块茎，味甘平而润，能强身建胃，滋补作用甚佳。且因含有丰富的淀粉质及酵素，能帮助消化、健胃整肠。

薏米

薏米是便宜又十分有益的谷类。不少甜品都会加入薏米，增加口感。杂粮饭中也加有薏米，是近年来保健的新吃法，而消费者在选薏米时要注意以干燥、色白、粒大充实饱满为原则。

银耳

银耳又称雪耳，含有丰富胶质，口感特别滑润。这些胶质也使银耳的形体不易泡烂。银耳特别适合拿来做汤品或甜品，选形体较大、颜色呈干净的米黄色、没有硬蒂比较好。

参须

人参的细根称为人参须，是将新鲜的圆参晒干变"白参"，经水蒸气加热变成"红参"，再把红参的参节剪下，和小支根捆绑成小束，就是人参须。人参 味甘，可补元气、安神。人参一般分为野生的"野生人参"，人工栽培的"圆参"，以及刚出土的"水参"。

当归

因当归有特殊温和却浓郁的味道，即使不喜欢中药的人也大都能接受，不少食补都会加入当归提味，如当归鸭或是药炖排骨，都见得到当归的身影。

陈皮

陈皮是指晒干之后的橘皮，之所以叫做"陈"皮就是因为陈得越久的越好，其味辛、苦、性温，广式煲汤常用陈皮来提味。

红枣

红枣又称大枣，被称为"长在树上的粮食"，是很常见的中药材。现代也将其当作食材使用。因为味道甘甜，不少食补、药膳、甜汤、素菜都会以红枣来增加甜味。

219 药炖排骨

材料 ingredient
排骨（边仔骨）600克、姜片10克

药材 flavoring
黄芪10克、当归8克、川芎 5克、熟地 5克、黑枣 8粒、桂皮10克、陈皮5克 、枸杞10克

调味料 seasoning
盐1.5小匙、米酒50毫升

做法 recipe
1. 排骨放入沸水中汆烫去血水；除当归、枸杞、黑枣外，将药材洗净后放入药包袋中，备用。
2. 将药包袋、其余药材、米酒、1200毫升水与所有材料放入电锅中，外锅加1杯水，盖上锅盖，按下开关，待开关跳起，续焖20分钟后，加入盐调味即可。

220 肉骨茶汤

材料 ingredient
排骨(五花排)　400克
肉骨茶药包……　2包
带皮蒜头………　8瓣

调味料 seasoning
盐…………………1小匙

做法 recipe
1. 将排骨剁小块，放入滚水汆烫后捞出备用。
2. 将做法1的排骨块、肉骨茶药包、带皮蒜头、700毫升水和调味料，全部放入内锅中，外锅加2杯水，按下开关，煮至开关跳起即可。

注：肉骨茶药包可至大型超市购买。

221 苹果红枣炖排骨

材料 ingredient

排骨	500克
苹果	220克
水	1200毫升
红枣	10颗

调味料 seasoning

盐	1.5小匙

做法 recipe

1. 排骨放入沸水中氽烫去血水；苹果洗净后带皮剖成8瓣，挖去籽；红枣稍微清洗，备用。
2. 将所有材料放入放入电锅中，外锅加1杯水，盖上锅盖；按下开关，待开关跳起，续焖10分钟后，加入盐调味即可。

222 淮山薏米炖排骨

材料 ingredient

排骨600克、姜片10克

药材 flavoring

淮山50克、薏米50克、红枣10颗

调味料 seasoning

盐1.5小匙、米酒50毫升

做法 recipe

1. 将排骨放入沸水中氽烫去血水；薏米泡水60分钟，备用。
2. 将所有材料、药材、米酒及水1200毫升放入电锅中，外锅加1杯水，盖上锅盖，按下开关，待开关跳起，续焖10分钟后，加入盐调味即可。

223 薏米红枣鸡汤

材料 ingredient
土鸡200克、薏米20克、红枣5颗、姜片15克、水600毫升

调味料 seasoning
盐3/4小匙、鸡精1/4小匙、米酒10毫升

做法 recipe
1. 将土鸡肉剁小块放入滚水中氽烫后与薏米及红枣洗净，一起放入汤锅中倒入水及米酒、姜片。
2. 电锅外锅倒入1杯水，放入做法1的汤锅。
3. 按下开关蒸至开关跳起后加入其余调味料调味即可。

224 四物排骨汤

材料 ingredient
排骨600克、姜片10克、水1200毫升

药材 flavoring
当归8克、熟地黄5克、黄芪5克、川芎8克、芍药10克、枸杞10克

调味料 seasoning
盐1.5小匙、米酒50毫升

做法 recipe
1. 排骨放入沸水中氽烫去血水；所有中药材稍微清洗后沥干，放入药包袋中，备用。
2. 将所有材料、药材与米酒放入电锅内锅，外锅加1杯水，盖上锅盖，按下开关，待开关跳起，续焖20分钟后，加入盐调味即可。

225 香菇炖嫩排

材料 ingredient

软骨排300克、干香菇5朵、参须5根、红枣6颗、枸杞适量

调味料 seasoning

盐适量

做法 recipe

1. 香菇泡水，软骨排洗净氽烫备用。
2. 准备一个炖盅，放入所有材料，加水至八分满。
3. 外锅放2.5杯水，将炖盅放入电锅蒸至开关跳起。
4. 取出后加入适量的盐调味即可食用。

小常识

若无炖盅，可用一般的锅代替，先用保鲜膜封好再入电锅蒸，以免参气挥发散去。

226 莲子银耳瘦肉汤

材料 ingredient

猪腱肉150克、银耳20克、干莲子1大匙、枸杞1/2小匙、老姜片15克、葱白2根、水800毫升

调味料 seasoning

盐1/2小匙、鸡精1/2小匙、绍兴酒1小匙

做法 recipe

1. 干莲子泡热水约1小时；枸杞洗净；猪腱肉剁小块、氽烫洗净；姜片、葱白用牙签串起；银耳泡水至涨发后沥干，去蒂剥小块，备用。
2. 取一内锅，放入做法1的所有材料及所有调味料。
3. 将做法2的内锅放入电锅里，外锅加入1.5杯水，盖上锅盖按下开关，煮至开关跳起后，捞除姜片、葱白即可。

227 参片瘦肉汤

材料 ingredient
猪腱肉150克、高丽参片8片、枸杞1/2小匙、老姜片15克

调味料 seasoning
盐1/2小匙、米酒1小匙

做法 recipe
1. 参片泡水约8小时后沥干；枸杞洗净，备用。
2. 猪腱肉剁小块、氽烫洗净，备用。
3. 取一内锅，放入做法1、2的材料，再加入姜片、800毫升水及所有调味料。
4. 将做法3的内锅放入电锅里，外锅加入1.5杯水，盖上锅盖、按下开关，煮至开关跳起后，捞除姜片即可。

228 淮山杏仁猪尾汤

材料 ingredient
猪尾段500克、姜片10克、水1200毫升

药材 flavoring
南杏40克、淮山50克

调味料 seasoning
盐1.5小匙、米酒50毫升

做法 recipe
1. 将猪尾段入沸水中氽烫去血水备用。
2. 将所有材料、药材与米酒放入电锅中，外锅加1杯水，盖上锅盖，按下开关，待开关跳起，续焖30分钟后，加入盐调味即可。

229
四神汤

材料 ingredient
猪小肠⋯⋯⋯50克
姜片⋯⋯⋯⋯10克
水⋯⋯⋯⋯1000毫升

药材 flavoring
茯苓⋯⋯⋯⋯10克
淮山⋯⋯⋯⋯20克
芡实⋯⋯⋯⋯20克
莲子⋯⋯⋯⋯30克
薏米⋯⋯⋯⋯40克
枸杞⋯⋯⋯⋯10克

调味料 seasoning
盐⋯⋯⋯⋯1.5小匙
米酒⋯⋯⋯⋯50毫升

做法 recipe
1. 猪小肠剪小段放入沸水中烫除脏污；芡实、莲子与薏米泡清水60分钟；其余中药材稍微清洗后沥干，备用。
2. 将所有材料、药材与米酒放入电锅内锅，外锅加1杯水，盖上锅盖，按下开关，待开关跳起，续焖30分钟后，加入盐调味即可。

🍚 小常识
在餐厅喝四神汤时，桌上都会有一瓶药酒可以洒在汤中增加风味，其实这药酒做法很简单，只要将当归、枸杞泡入米酒或是米酒头中就可以了。

230 四神猪肚汤

材料 ingredient
猪肚500克、姜片20克

药材 flavoring
薏米50克、莲子30克、芡实40克、淮山30克

调味料 seasoning
盐1小匙、鸡精1小匙、料理米酒2大匙

做法 recipe
1. 将猪肚用1小匙面粉和2大匙白醋混合后搓揉外表及内部，再用冷水洗净后备用。
2. 取一锅加水煮滚后将做法1中处理好的猪肚氽烫10分钟，捞起后放入冷水中降温。
3. 把所有药材先用冷水浸泡15分钟后沥干水分备用，将做法2中降温的猪肚切成长2厘米、宽1厘米左右的长条状备用。
4. 将做法3处理好的所有材料放入内锅中，加入10杯水，再将姜片与所有调味料放入，外锅加入3杯水煮约50分钟即可。

231 山药炖小肚汤

材料 ingredient
紫山药⋯⋯⋯ 200克
猪小肚⋯⋯⋯ 3个
薏米⋯⋯⋯⋯1/2杯
米酒⋯⋯⋯⋯1/2杯

调味料 seasoning
盐⋯⋯⋯⋯ 少许

做法 recipe
1. 猪小肚洗净用热开水氽烫过；紫山药去皮洗净切块；薏米洗净，备用。
2. 内锅放入做法1的猪小肚、米酒、6杯水。
3. 将内锅放入电锅中，外锅放2杯水，盖锅盖后按下开关，待开关跳起后，放入做法1的紫山药、薏米。
4. 外锅再放1杯水，盖锅盖后按下开关，待开关再度跳起后加盐调味，将小肚剪小块即可。

232
当归麻油猪腰汤

材料 ingredient
猪腰	1副
姜片	80克
水	600毫升

药材 flavoring
当归	10克

调味料 seasoning
盐	1小匙
米酒	100毫升
麻油	2大匙

做法 recipe

1. 猪腰去除肾球后表面切花，冲水约5分钟后放入沸水中氽烫沥干；当归稍微清洗，备用。

2. 将所有材料、当归、麻油、米酒放入电锅中，外锅加1/4杯水，盖上锅盖，按下开关，待开关跳起，加入盐调味即可。

 小常识

猪腰如果觉得处理很麻烦，可以请肉贩帮忙处理，但是料理前还是需要冲清水5分钟以上，再氽烫过才能去除腥味。

233
药膳羊肉

材料 ingredient
带皮羊肉600克、水1000毫升、花椒5克、八角2颗

药材 flavoring
陈皮6克、甘草5克、沙姜10克、草果1颗、枸杞少许

调味料 seasoning
米酒50毫升、细糖1小匙、盐1小匙

做法 recipe
1. 带皮羊肉块放入沸水中氽烫去血水去腥；所有药材清洗后与花椒、八角一起放入药包袋中，备用。
2. 将药包袋与所有材料放入电锅中，外锅加1杯水，盖上锅盖，按下开关，待开关跳起，外锅再加1/2杯水再按下关煮一次，跳起焖20分钟后，加入其余调味料即可。

羊肉沾酱

材料：
黄豆酱2小匙、豆腐乳2块、细味噌2小匙、姜末10克、细糖2小匙

做法：
将所有材料放入搅拌机打匀即可。

🍚 **小常识**

　　带皮的羊肉因为肉质较硬需要多一点时间炖煮，因此在电锅中要炖两次，肉质才会软嫩，另外羊肉的特殊风味在皮下的脂肪中特别明显，有人很爱这味道，但是不喜欢的人会觉得有腥膻味，可以选择没有皮与脂肪的部分，味道会淡些。

234 当归羊肉

材料 ingredient

带皮羊肉块600克、水1000毫升、姜片10克

药材 flavoring

当归5克、熟地5克、黄芪8克、红枣12颗、枸杞15克

调味料 seasoning

米酒50毫升、盐1小匙、细糖1/2小匙

做法 recipe

1. 将羊肉块放入沸水中汆烫去血水；中药材稍微洗过，备用。
2. 将所有材料、药材与米酒放入电锅中，外锅加1杯水，盖上锅盖，按下开关，待开关跳起，再加1/2杯水再按下关煮一次，待开关跳起再焖20分钟后，加入其余调味料即可。

235 陈皮红枣炖羊肉

材料 ingredient

带皮羊肉块600克、姜片10克、水1000毫升

药材 flavoring

陈皮5克、红枣12颗

调味料 seasoning

米酒50毫升、盐1小匙、细糖1/2小匙

做法 recipe

1. 将羊肉块放入沸水中汆烫去血水；药材稍微洗过，备用。
2. 将所有材料、药材与米酒放入电锅中，外锅加1杯水，盖上锅盖，按下开关，待开关跳起，加1/2杯水再按下关煮一次，待开关跳起再焖20分钟后，加入其余调味料即可。

236
麻油鸡

材料 ingredient

鸡肉块⋯⋯⋯ 600克
姜片⋯⋯⋯⋯ 50克
姜汁⋯⋯⋯⋯ 1大匙
水⋯⋯⋯⋯ 1000毫升

调味料 seasoning

盐⋯⋯⋯⋯ 1小匙
米酒⋯⋯⋯ 100毫升
麻油⋯⋯⋯⋯ 2大匙

做法 recipe

1. 鸡肉块放入沸水中汆烫去除血水备用。
2. 将所有材料、米酒及麻油放入电锅内锅，外锅加1杯水，盖上锅盖，按下开关，待开关跳起，续焖10分钟后，加入盐调味即可。

麻油面线

材料：
面线100克、蒜末5克、麻油1大匙

做法：
烧一锅开水将面线入锅煮约30秒后捞起装碗。加入蒜末及麻油拌匀即可。

小常识

一般麻油鸡要先用麻油炒过姜片与鸡肉，是为了有爆过的香气，但为了迅速方便，也可以跳过这个步骤，直接将材料丢入锅中炖，也能有同样的效果。为了弥补香气不足的缺点，可以加入适量的姜汁，因为经过研磨味道比较容易散发出来。

237 香菇参须炖鸡翅

材料 ingredient

鸡翅（双节翅）600克、人参须10克、香菇10朵、姜片5克、水1200毫升

调味料 seasoning

盐1.5小匙、米酒2大匙

做法 recipe

1. 鸡翅放入沸水中汆烫一下；香菇泡水，备用。
2. 将所有材料与米酒放入电锅内锅，外锅加1杯水，盖上锅盖，按下开关，待开关跳起，续焖30分钟后，加入盐调味即可。

238 薏米莲子凤爪汤

材料 ingredient

鸡脚400克、姜片10克、水1000毫升

药材 flavoring

薏米50克、莲子40克、红枣10颗

调味料 seasoning

米酒20毫升、盐1小匙

做法 recipe

1. 鸡脚去爪尖后剁小段放入沸水中汆烫；薏米、莲子泡水60分钟；红枣稍微冲洗，备用。
2. 将所有材料、米酒与药材放入电锅中，外锅加1杯水（分量外），盖上锅盖，按下开关，待开关跳起，续焖10分钟后，加入盐调味即可。

239 柿饼炖鸡汤

材料 ingredient

柿饼……………………3个
枸杞…………………… 10克
仿土鸡腿…………………1只

调味料 seasoning

盐…………………… 少许

做法 recipe

1. 枸杞洗净；仿土鸡腿切大块，用热开水洗净沥干，备用。
2. 取一内锅放入鸡腿、柿饼、枸杞及8杯水。
3. 将内锅放入电锅，外锅放2杯水，盖锅盖后按下开关，待开关跳起后加盐调味即可。

240 杏汁鸡汤

材料 ingredient

土鸡…………1/2只
南杏…………100克
老姜片…………10克

盐…………1/2小匙
鸡精…………1/2小匙
绍兴酒………1小匙

做法 recipe

1. 南杏洗净，用300毫升水泡约8小时，再用果汁机打成汁，并过泸掉残渣，备用。
2. 土鸡剁小块、氽烫洗净，备用。
3. 取一内锅，放入做法1、2的材料，再加入姜片、500毫升水及所有调味料。
4. 将做法3的内锅放入电锅里，外锅加入1杯水，盖上锅盖、按下开关，煮至开关跳起后，捞除姜片即可。

241 党参黄芪炖鸡汤

材料 ingredient
土鸡腿120克、党参8克、黄芪4克、红枣8颗

调味料 seasoning
盐1/2小匙、料理米酒1/2小匙

做法 recipe
1. 土鸡腿剁小块备用。
2. 取一汤锅，加入适量的水煮至滚沸后，将做法1的土鸡腿块放入滚水中汆烫约1分钟后取出、洗净，放入电锅内锅中。
3. 将党参、黄芪和红枣用清水略为冲洗后，与水加入做法2的电锅内锅中。
4. 电锅的外锅先加入1.5杯水后，放入做法3的电锅内锅，盖上锅盖、按下电锅开关，待电锅开关跳起，焖约20分钟后，再加入盐及料理米酒调味即可。

242 冬瓜荷叶鸡汤

材料 ingredient
土鸡1/4只、冬瓜150克、干荷叶1张、老姜片10克、水800毫升

调味料 seasoning
盐1/2小匙、鸡精1/2小匙、绍兴酒1小匙

做法 recipe
1. 土鸡剁小块、汆烫洗净，备用。
2. 冬瓜带皮洗净、切方块，备用。
3. 干荷叶剪小块，泡水至软，汆烫后洗净，备用。
4. 取一内锅，放入做法1、2、3的材料，再加入老姜片、水及所有调味料。
5. 将做法4的内锅放入电锅里，外锅加入1杯水，盖上锅盖、按下开关，煮至开关跳起后，捞除姜片即可。

243 八宝鸡汤

材料 ingredient

八珍药材········ 1副
小土鸡·········· 1只
红枣············ 6颗

调味料 seasoning

盐············ 适量

做法 recipe

1. 八珍药材、小土鸡洗净，将八珍药
   材用棉布袋装好备用。
2. 取一内锅放入八珍药包、小土鸡、
   红枣及8杯水。
3. 将内锅放入电锅，外锅放2杯水，
   盖锅盖后按下开关，待开关跳起后
   加盐调味即可。

244 牛奶脯鸡汤

材料 ingredient

鸡肉块600克、水1500毫升

药材 flavoring

牛奶脯80克、枸杞20克

调味料 seasoning

盐1.5小匙、米酒2大匙

做法 recipe

1. 将鸡肉块放入沸水中氽烫去除血水；所有中药材稍微清洗后沥干，备用。
2. 将所有材料、药材与米酒放入电锅内锅，外锅加1杯水，盖上锅盖，按下开关，待开关跳起，续焖30分钟后，加入盐调味即可。

245 仙草鸡汤

材料 ingredient

鸡肉块600克、仙草10克、姜片5克、水1200毫升

调味料 seasoning

盐1.5小匙、细糖1/2小匙、米酒2大匙

做法 recipe

1. 鸡肉块放入沸水中氽烫去血水；仙草稍微清洗，修剪成适当长度包入药包袋中，备用。
2. 将所有材料与米酒放入电锅内锅，外锅加1杯水，盖上锅盖，按下开关，待开关跳起，续焖30分钟后，加入其余调味料即可。

246 狗尾草鸡汤

材料 ingredient

鸡肉	600克
姜片	5克
水	1200毫升
狗尾草	100克

调味料 seasoning

盐	1.5小匙
米酒	50毫升

做法 recipe

1. 鸡肉块放入沸水中氽烫去血水备用。
2. 将狗尾草、所有材料与米酒放入电锅中，外锅加1杯水，盖上锅盖，按下开关，待开关跳起，续焖30分钟后，加入盐调味即可。

247 何首乌鸡汤

材料 ingredient

鸡肉块600克、水1200毫升

药材 flavoring

姜片5克、何首乌10克、熟地5克、黄芪10克、红枣10颗

调味料 seasoning

盐1/2小匙、鸡精1/2小匙、绍兴酒1小匙

做法 recipe

1. 鸡肉块放入沸水中氽烫去血水；药材稍微洗净沥干，备用。
2. 将所有药材与鸡肉块和绍兴酒放入电锅中，外锅加1杯水，盖上锅盖，按下开关，待开关跳起，续焖30分钟后，加入盐、鸡粉调味即可。

248 金线莲鸡汤

材料 ingredient

鸡肉块	600克
金线莲	7克
姜片	5克
水	1200毫升

调味料 seasoning

盐	1.5小匙
细糖	1/2小匙
米酒	2大匙

做法 recipe

1. 鸡肉块放入沸水中氽烫去血水；将金线莲包入药包袋中，备用。
2. 将所有材料与米酒放入电锅内锅，外锅加1杯水，盖上锅盖，按下开关，待开关跳起，续焖30分钟后，加入其余调味料即可。

249 人参枸杞鸡汤

材料 ingredient

土鸡1500克、姜片15克

药材 flavoring

人参2只、枸杞20克、红枣20克

调味料 seasoning

盐2小匙、料理米酒3大匙

做法 recipe

1. 把土鸡用滚水氽烫5分钟后捞起，用清水冲洗去血水脏污，沥干后放入电锅内锅中备用。
2. 将所有药材用冷水清洗后放在土鸡上，再把姜片、盐、料理米酒与13杯水一起放入，在锅口封上保鲜膜。
3. 电锅外锅加4杯水，并炖煮约90分钟即可。

250 姜母鸭

材料 ingredient
鸭肉块·················· 600克
姜片·················· 50克
水·················· 1000毫升

调味料 seasoning
盐·············· 1小匙
米酒·············· 50毫升
麻油·············· 1大匙

做法 recipe
1. 鸭肉块放入沸水中氽烫去血水备用。
2. 所有材料、米酒及麻油放入电锅内锅，外锅加1杯水，盖上锅盖，按下开关，待开关跳起，续焖30分钟后，加入盐调味即可。

251 当归鸭汤

材料 ingredient
鸭肉块600克、姜片10克、水1000毫升

药材 flavoring
当归10克、黑枣8颗、枸杞5克、黄芪8克

调味料 seasoning
盐1小匙、米酒50毫升

做法 recipe
1. 鸭肉块放入沸水中氽烫去血水；所有药材稍微清洗后沥干，备用。
2. 将所有材料、药材与米酒放入电锅内锅，外锅加1杯水，盖上锅盖，按下开关，待开关跳起，续焖30分钟后，加入盐调味即可。

252 枸杞鳗鱼汤

材料 ingredient

炸鳗鱼块	600克
包心白菜	600克
枸杞	20克
高汤	适量

调味料 seasoning

盐	少许

做法 recipe

1. 包心白菜洗净切长条形备用。
2. 取一内锅，放入做法1的包心白菜、炸鳗鱼块、枸杞，加入高汤及水。
3. 将做法2放入放入电锅中，外锅放2杯水，盖锅盖后按下开关，待开关跳起后，加盐调味即可。

253 枸杞鲜鱼汤

材料 ingredient

鲜鱼700克、姜丝10克、水800毫升

药材 flavoring

黄芪20克、枸杞20克

调味料 seasoning

盐1小匙、米酒30毫升

做法 recipe

1. 鲜鱼洗净后备用。
2. 将所有材料、药材、米酒，外锅加1杯水，盖上锅盖，按下开关，待开关跳起，加入盐调味即可。

254 当归鳗鱼汤

材料 ingredient
鳗鱼400克、当归5克、枸杞8克、姜片15克、水800毫升

调味料 seasoning
盐1/2小匙、细砂糖1/4小匙、米酒1小匙

做法 recipe
1. 鳗鱼洗净切小段后，置于汤锅（或内锅）中，当归、枸杞、米酒与姜片、水一起放入汤锅（或内锅）中。
2. 电锅外锅加入1杯水，放入汤锅，盖上锅盖，按下开关，蒸至开关跳起。
3. 取出做法2的鳗鱼后，再加入盐、细砂糖调味即可。

255 赤小豆冬瓜煲鱼汤

材料 ingredient
新鲜鳟鱼1条、赤小豆1大匙、冬瓜100克、老姜片15克、葱白4根

做法 recipe
1. 赤小豆泡水3小时后沥干；冬瓜带皮洗净、切块，汆烫后过冷水，备用。
2. 鱼清洗处理干净后、切大块，用纸巾吸干水分，备用。
3. 热锅，加入适量色拉油，放入做法2的鱼块，煎至两面金黄后放入姜片、葱白煎至金黄，备用。
4. 取一内锅，放入做法1、3的材料，再加入800毫升水及所有调味料。
5. 将做法4的内锅放入电锅，外锅加入1.5杯水，盖上锅盖按下开关，煮至开关跳起后，捞除姜片、葱白即可。

256 药膳虱目鱼汤

材料 ingredient

虱目鱼腹1000克、姜丝10克、水800毫升

药材 flavoring

枸杞20克、当归10克

调味料 seasoning

盐1小匙、米酒30毫升

做法 recipe

1. 虱目鱼洗净；药材洗净沥干，备用。
2. 将所有材料、药材与米酒放入电锅中，外锅加入1/2杯水，盖上锅盖，按下开关，待开关跳起，加入盐调味即可。

257 黑豆鲫鱼汤

材料 ingredient

新鲜鲫鱼1条、黑豆1大匙、老姜片15克、葱白4根

调味料 seasoning

盐1小匙、鸡精1/2小匙、米酒1大匙

做法 recipe

1. 黑豆泡水约8小时后沥干，备用。
2. 鲫鱼清洗处理干净，用纸巾吸干，备用。
3. 热锅，加入适量油，放入做法2的鱼，煎至两面金黄后放入姜片、葱白煎至金黄，备用。
4. 取一内锅，放入做法1、3的材料，再加入800毫升水及所有调味料。
5. 将做法4的内锅放入电锅里，外锅加入1.5杯水，盖上锅盖按下开关，煮至开关跳起后，捞除姜片、葱白即可。

煮饭煮粥
一锅就饱
ELECTRIC POT

用电锅来煮饭原本就是最基本的用法，不过善用电锅也可以煮菜饭、煮粥。只要将喜欢的食材、大米或其他五谷杂粮一起入电锅，做成菜饭，有饭有肉又有菜，一锅就搞定，煮粥时也能加入各种材料。花点思，电锅不再只能煮米饭或白粥。

电锅煮菜饭 好吃有学问

秘诀 1 肉类海鲜先汆烫

虽然说菜饭好处之一就是材料直接入电锅，但是先汆烫海鲜和肉类会更好吃。通常买回来的肉及海鲜表面都有一些污血、杂质，就算清洗也未必能去除，直接下锅煮会让一整锅饭都充满杂质；事先经过沸水汆烫过后，整锅菜饭的料就会更爽口。此外汆烫还有一个妙用，就是食材表面烫熟可以将鲜味锁起来，才不会在电锅炖煮中让食材本身的鲜味完全释放出来，避免海鲜、肉类吃起来有如嚼蜡般无味。

秘诀 2 加入红葱油增添香气

菜饭在料理过程中因为没有经过热油爆香，所以会缺少点爆香味。为了弥补这点遗憾，不妨在菜饭起锅后，拌入一点红葱油，就可以增添点油香味，因为红葱油是经过油炸萃取出来的，不但有油香更有红葱头加热过的味道。当然如果没有红葱油，也可以在起锅时拌入少许其他的食用油增添香气。

秘诀 3 拌入葱花、蒜酥提味

葱花、蒜酥这些画龙点睛的配料要加入菜饭中，最好等饭煮好起锅前再加入。否则葱花会变黄变烂，外观跟口感都会没那么好；而蒜酥这类味道重的佐味食材，若加太多则会抢过其他食材本身的味道，除非特别想要强调，不然整锅菜饭味道就会变得过度复杂。

秘诀 4 干货最好事先泡发

菜饭中为了增味多少会加入一些味道浓郁的干货，例如：香菇、虾米、干贝、海带芽可用来提鲜增味。虽然菜饭中放水一起蒸煮，干货放进去也可以煮软。但是没有事先将干货泡发，鲜味就不易散发出来，煮好后的干货口感也较为干涩不入味，不如事先花点功夫泡发，使菜饭更美味。

秘诀 5 以高汤取代水

煮饭非得加水一起蒸煮不可，不过菜饭本身就强调集食材、调味于一碗，加水不如加点高汤一起煮，汤头里的鲜味就会被白米吸收，当煮成饭之后每一粒米饭都吸收了汤的鲜美精华，非常美味。而菜饭就是要省时间，使用的高汤不必再花时间熬煮，只要使用市售方便的高汤块先用热水调开，或罐装高汤都能替你带来方便的美味。

秘诀 6 食材可分次加入

　　菜饭基本的制作原则是一起煮，但是如果是容易煮黄煮烂的绿色叶菜类跟需要长时间炖煮的根茎类蔬菜一起煮的话，绿色叶菜肯定又烂又无味。因此最好分次加入，不好熟的食材可以跟米饭杂粮一起煮，等到快熟的时候或者煮好后，再将易熟的食材丢入电锅中，焖到熟即可。

秘诀 7 食材切大小一致

　　基本上菜饭最后都要拌在一起享用，因此食材最好大小形状切得一致，拌在一起才会均匀。如果每一种食材大小形状差别很大的话，每一口饭就不容易吃到所有的食材，美味也会不均匀了。

258 上海菜饭

材料 ingredient

干香菇……	30克	虾米………	20克
上海青……	30克	寿司米……	100克
金华火腿…	50克	泡香菇的水100毫升	

做法 recipe

1. 泡开的干香菇切丝；上海青切丝；金华火腿切片；寿司米洗好备用。
2. 内锅放入寿司米和虾米、香菇丝、金华火腿片和泡香菇的水，再放入电锅中，外锅加入1杯水按下开关，烹煮至开关跳起。
3. 加入上海青丝拌匀，焖1分钟即可。

小常识

烹煮上海菜饭时，可以用泡香菇的水取代要加入其中的水量，煮起来的菜饭味道会较浓郁。

259 五谷杂粮饭

材料 ingredient

红米30克、荞麦30克、高粱30克、糙米60克、黑米30克、水240毫升

做法 recipe

1. 将所有材料一起洗净、沥干水分，放入锅中，再加入水浸泡约1小时后，放入内锅中，外锅加1杯水按下开关煮至跳起。
2. 再焖15~20分钟即可。

🍚 小常识

五谷杂粮没有固定种类，只要谷类或是杂粮皆可入锅炊煮。这些谷类能对肠胃有很好的调养效果，比起精致的白米更能帮助肠胃蠕动且有饱足感。

260 五色养生饭

材料 ingredient

荞麦30克、黑豆30克、野米30克、小米30克、发芽米60克、水110毫升

做法 recipe

1. 荞麦、黑豆、野米一起用冷水（材料外）浸泡约4小时，至涨发后沥干水备用。
2. 将发芽米、小米、做法1的材料一起洗净，沥干水分放入锅中，再加入水浸泡约30分钟后，放入内锅中，外锅加1杯水按下开关煮至跳起，再焖15~20分钟即可。

261 芋头地瓜饭

材料 ingredient

芋头·················· 40克
地瓜·················· 40克
大米·················· 140克
水·················· 180毫升

做法 recipe

1. 芋头、地瓜去皮切小丁备用。
2. 大米洗净沥干水分，与做法1的芋头丁、地瓜丁一起放入锅中，拌匀后再加入水，放入内锅中，外锅加1杯水按下开关煮至跳起，再焖15~20分钟即可。

小常识

拥有大量膳食纤维的地瓜多吃可以改善排便不顺的困扰，更可借此排除累积的毒素，近年来流行的排毒餐，地瓜是重要的、简单却有高营养价值的食材，不过容易胀气的人不宜多吃。

262 杂菇养生饭

材料 ingredient

松茸菇·················· 60克
草菇·················· 60克
鸿禧菇·················· 60克
发芽米·················· 200克
水·················· 260毫升

做法 recipe

1. 松茸菇、草菇、鸿禧菇，一起洗净去蒂备用。
2. 发芽米洗净沥干，放入锅中，铺上做法1的菇类，再加入水浸泡约20分钟后，放入电锅中，外锅加1杯水按下开关煮至跳起，再焖15~20分钟即可。

小常识

菇类是低热量的健康食物，但因菇类嘌呤含量偏高，痛风病患者适量摄取即可不要过量。

263 南瓜鸡肉蔬菜饭

材料 ingredient

鸡腿肉………	200克	寿司米………	100克
南瓜…………	80克	水…………	90毫升
四季豆………	20克		

做法 recipe

1. 寿司米洗好；鸡腿肉切大块；南瓜去皮去籽后切块；四季豆切段备用。
2. 内锅放入寿司米、鸡腿肉块、水、南瓜块和四季豆段，放入电锅中，外锅加入1杯水按下开关，烹煮至开关跳起即可。

小常识

　　因为南瓜煮后容易出水，所以如果再加入过多的水量，菜饭会变成烂烂的，吃起来口感也不好。

264 鸡肉五谷米菜饭

材料 ingredient

鸡腿肉………	200克
圆白菜苗………	30克
五谷米………	100克
水…………	120毫升

做法 recipe

1. 五谷米洗好泡约40分钟；鸡腿肉切大块。
2. 内锅放入五谷米、鸡腿肉块和水，放入电锅中，外锅加入1杯水按下开关，烹煮至开关跳起。
3. 再放入圆白菜苗焖约2分钟即可。

小常识

　　五谷米在使用前，先清洗过并浸泡在水中约40分钟后再放入锅中烹煮，如此一来米饭较容易煮熟，而且口感也更好。另外煮五谷米的水量也要比平常的米饭水量多一点，免得米饭煮后口感过干。

265 金枪鱼鸡肉饭

材料 ingredient
米2杯、去骨鸡腿2只、洋葱1/2个、金枪鱼罐头2罐、黑橄榄适量

调味料 seasoning
迷迭香料少许

做法 recipe
1. 米洗净沥干；鸡腿洗净用纸巾吸干水分切块；洋葱切末；金枪鱼罐头沥油；黑橄榄切片备用。
2. 锅中热1大匙橄榄油，爆香洋葱末，放入鸡腿肉块炒至微焦。
3. 将米加入锅中一起炒香，再加入1.5杯的水及迷迭香料搅拌均匀，盛起放入电锅内锅蒸，外锅加1杯水。
4. 待电锅开关跳起后再焖5分钟，起锅后拌入金枪鱼肉、黑橄榄片即可食用。

注：若怕太油腻，金枪鱼罐头可选水煮金枪鱼。

266 鸡肉蛋盖饭

材料 ingredient
鸡胸肉200克、洋葱1/2个、鸡蛋1个、热米饭1碗、海苔丝少许

调味料 seasoning
柴鱼素5克、水150毫升、酱油15毫升、酒20毫升、味淋25毫升

做法 recipe
1. 洋葱切丝；鸡胸肉切薄片，备用。
2. 内锅放入做法1的材料及所有调味料，外锅倒1杯水，盖上盖子、按下开关。
3. 待开关跳起后，鸡蛋打散均匀倒入内锅，盖上锅盖焖1分钟，至蛋液略凝固。
4. 将做法3淋入热米饭上，食用前撒上海苔丝即可。

267 山药牛肉菜饭

材料 ingredient
牛肉片100克、山药50克、甜豆20克、寿司米100克、水100毫升

做法 recipe
1. 寿司米洗好；山药去皮切块；甜豆切小段备用。
2. 内锅放入寿司米、牛肉片、水和山药块，放入电锅中，外锅加入1杯水按下开关，烹煮至开关跳起即可。
3. 再放入甜豆焖约3分钟即可。

 小常识
　　山药去皮切块后，可先用醋水冲洗过，可去除部分表面的粘液，入锅煮后的口感也会较好吃。

268 蚝油牛肉菜饭

材料 ingredient
牛肉片100克、洋葱10克、芥蓝菜叶20克、红甜椒20克、寿司米100克、水100毫升

调味料 seasoning
蚝油1小匙

做法 recipe
1. 寿司米洗好；洋葱去皮切片；红甜椒切片备用。
2. 内锅放入寿司米、牛肉片、水、洋葱片、红甜椒片和蚝油，放入电锅中，外锅加入1杯水按下开关，烹煮至开关跳起即可。
3. 再放入芥蓝菜叶焖约1分钟即可。

小常识
　　加入菜饭中的蚝油量不要过多，因为加太多米饭味道会太咸、颜色会过深，无论是外观或口感都不佳。

269
腊肉蔬菜饭

材料 ingredient

腊肉·········· 150克
火腿·········· 50克
冬笋·········· 20克
蒜苗·········· 10克
寿司米········ 100克
水·········· 100毫升

做法 recipe

1. 寿司米洗好后，先浸泡约10分钟备用。
2. 腊肉切片；火腿切丁；冬笋切丁；蒜苗切小段，将蒜苗根和蒜苗叶分开备用。
3. 内锅放入寿司米、腊肉片、火腿丁、水、冬笋丁和蒜苗根，放入电锅中，外锅加入1杯水按下开关，烹煮至开关跳起。
4. 续放入蒜苗叶焖约1分钟即可。

小常识

除了用腊肉和火腿外，喜欢重口味的也可以加入一些港式腊肠，这样可让菜饭的口味更香。

270 三文鱼菜饭

材料 ingredient
三文鱼片300克、玉米酱50克、蒜苗末10克、寿司米100克、水100毫升

做法 recipe
1. 寿司米洗好备用。
2. 内锅放入寿司米和其余材料（蒜苗末先不加入），放入电锅中，外锅加入1杯水按下开关，烹煮至开关跳起。
3. 取出后再拌入蒜苗末即可。

 小常识

玉米酱加入菜饭中同煮，可同时品尝到玉米粒和玉米酱汁的浓稠香甜口感。

271 泰式虾仁菜饭

材料 ingredient
虾仁200克、芦笋30克、小西红柿20克、寿司米100克、水50毫升

调味料 seasoning
椰奶50毫升

做法 recipe
1. 寿司米洗好；芦笋洗净切斜段；小西红柿洗净切片备用。
2. 内锅放入寿司米、小西红柿片、椰奶和水，放入电锅中，外锅加入1杯水按下开关，烹煮至开关跳起。
3. 放入虾仁焖约5分钟后，再放入芦笋斜段焖约1分钟即可。

小常识

待电锅开关跳起后，再放入洗净的虾仁焖约5分钟，如此一来虾仁的口感较有弹性，肉质才不会过老。

272 港式咸鱼菜饭

材料 ingredient
咸鱼100克、鱿鱼头50克、小白菜梗15克、小白菜叶15克、干香菇30克、寿司米100克、水100毫升

做法 recipe
1. 寿司米洗好；咸鱼切小片；鱿鱼头洗净切小块；干香菇泡开切片备用。
2. 内锅放入寿司米、咸鱼片、鱿鱼头、香菇片、水和小白菜梗，放入电锅中，外锅加入1杯水按下开关，烹煮至开关跳起即可。
3. 再放入小白菜叶焖约1分钟即可。

小常识
因为青菜叶容易熟，所以洗净切好后，先放入菜梗同煮，待电锅开关跳起后，再放入菜叶略焖煮即可。

273 金枪鱼蔬菜饭

材料 ingredient
金枪鱼罐头200克、皇帝豆30克、红甜椒块20克、黄甜椒块20克、寿司米100克、水100毫升

做法 recipe
1. 寿司米洗好备用。
2. 内锅放入寿司米和其余材料，放入电锅中，外锅加入1杯水按下开关，烹煮至开关跳起即可。

小常识
选购油渍金枪鱼罐头时，建议先将油沥掉，再将金枪鱼肉放入菜饭中同煮。如果是水渍金枪鱼罐头，可加入少许的水渍汤汁，增添菜饭的香味。

274 圆白菜饭

材料 ingredient

圆白菜	75克
培根	3片
大米	1杯
水	1杯

调味料 seasoning

盐	1.5小匙
胡椒粉	1小匙
油	1大匙
蒜末	2/3大匙

做法 recipe

1. 将圆白菜、培根切0.5厘米条状备用。
2. 将米洗净沥干水分，加入1杯水浸泡15~20分钟备用。
3. 将所有调味料放入米中略拌匀，再将圆白菜及培根条铺在米上，放入电锅中外锅加入1杯水，开关跳起后，先不要打开锅盖，让圆白菜饭再焖15分钟，最后用饭匙由下往上轻轻拌匀即可食用。

275 金针菇菜饭

材料 ingredient

罐头金针菇	200克
胡萝卜丝	20克
圆白菜丝	50克
寿司米	100克
罐头金针菇汤汁	100毫升

做法 recipe

1. 寿司米洗好备用。
2. 内锅放入寿司米和其余材料，放入电锅中，外锅加入1杯水按下开关，烹煮至开关跳起。

 小常识

　　用罐头金针菇来煮菜饭，不仅快速又便利，而且将煮菜饭时要加入的水，改用罐头金针菇的汤汁取代，可让煮出来的菜饭更香。

276 胡萝卜 吻仔鱼菜饭

材料 ingredient

吻仔鱼……… 100克
圆白菜丝……… 10克
胡萝卜末……… 50克
寿司米……… 100克
水……… 100毫升

做法 recipe

1. 寿司米洗好备用。
2. 内锅放入寿司米和剩余材料，放入电锅中，外锅加入1杯水按下开关，烹煮至开关跳起即可。

小常识

在菜饭中加入少许米酒同煮，更能提升吻仔鱼的鲜美滋味。

277 芦笋蛤蜊饭

材料 ingredient

芦笋6根、蛤蜊300克、海苔丝1大匙、姜丝1大匙、辣椒片1大匙、大米2杯、水2杯

调味料 seasoning

红酒醋2大匙、糖1/2大匙、盐1小匙、香油2小匙、胡椒粉1小匙

做法 recipe

1. 将芦笋洗净，切成2~3厘米段。蛤蜊泡水约3小时，吐沙备用。
2. 将米洗净，沥干水分，加入2杯水浸泡15~20分钟，再加入调味料、姜丝、辣椒略拌匀，放入电锅中外锅加入1杯水，开关跳起后，再焖15分钟。
3. 锅盖打开后放入切好的芦笋，外锅再加一点水，按下开关，再煮一下。
4. 煮开一锅水，放入蛤蜊，等蛤蜊的口煮开后熄火，用筷子将蛤蜊肉取出备用。把煮好的蛤蜊以及海苔丝加入芦笋饭中，用饭匙由下往上轻轻拌匀即可。

278 香菜蟹肉饭

材料 ingredient

香菜…… 1/3杯（含叶）
蟹肉……………… 1/2杯
花生……………… 2大匙

调味料 seasoning

盐…………………… 1大匙
酒…………………… 1/2大匙
糖…………………… 1/3大匙
胡椒粉……………… 1小匙
香油………………… 2小匙

做法 recipe

1. 将香菜洗净浸泡在水中10分钟，捞起沥干水分，将香菜叶摘下，香菜茎切末备用。
2. 将米洗净沥干水分，加入1杯水浸泡15分钟，再加入所有调味料拌匀，蟹肉与香菜茎末铺在米上，放入电锅中外锅加入1杯水，熟后再焖15分钟。
3. 打开锅盖后，再加入香菜叶与花生，用饭匙略拌匀后即可。

279 海鲜蒸饭

材料 ingredient

米1杯、蛤蜊10个、虾仁10条、小章鱼1/2条、姜末1/2小匙

做法 recipe

1. 将米洗净加入1杯水（约米的8分满）备用。
2. 蛤蜊吐沙洗净；虾仁去肠泥洗净；章鱼切小块备用。
3. 将做法2的蛤蜊、虾仁、章鱼放入做法1的米中再加入姜末稍微搅拌。
4. 取一电锅于外锅加入1杯水，放入做法3的材料蒸煮至熟。
5. 做法4蒸饭起锅后再依个人口味斟酌调味即可。

小常识

海鲜材料可依个人口味改变，但须注意如果海鲜本身就有水分，就要将蒸煮的水量减少以免饭会变得黏稠。

280
鲷鱼咸蛋菜饭

材料 ingredient

鲷鱼片········ 200克
咸蛋············· 50克
生香菇片········ 20克
寿司米········ 100克
水·········· 100毫升
小豆苗·········· 20克

做法 recipe

1. 寿司米洗好；咸蛋去壳切半，备用。
2. 内锅放入寿司米和其余材料，放入电锅中，外锅加入1杯水按下开关，烹煮至开关跳起即可。
3. 续放入小豆苗焖约1分钟。

🍚 小常识

　　因为鲷鱼片煮时容易破碎，所以处理食材时，不要将鱼片切的块太小，这样菜饭煮起来时也较好看。

281
翡翠坚果菜饭

材料 ingredient

菠菜··········· 200克
南瓜子·········· 10克
核桃··········· 10克
芹菜末··········· 5克
寿司米········· 100克
水··········· 100毫升

做法 recipe

1. 寿司米洗好；菠菜洗净切碎末备用。
2. 内锅放入寿司米、菠菜碎末和水，放入电锅中，外锅加入1杯水按下开关，烹煮至开关跳起。
3. 再加入南瓜子、核桃及芹菜末拌匀即可。

小常识

坚果类的食材先烤过，入锅同煮后的香气更浓郁。待电锅开关跳起后，再放入烤过的坚果焖一下后拌匀即可。

282
双色西蓝花饭

材料 ingredient
西蓝花100克、花菜100克、胡萝卜片50克、五谷米100克、水120毫升

做法 recipe
1. 五谷米洗好，泡约40分钟备用。
2. 内锅放入五谷米、花菜、胡萝卜片和水，放入电锅中，外锅加入1杯水按下开关，烹煮至开关跳起。
3. 再加入西蓝花焖约5分钟至熟即可。

 小常识

西蓝花洗净后，尽量将菜梗切除，而且西蓝花也要切小朵些，如此一来入锅烹煮的西蓝花才容易煮熟。

283 燕麦小米饭

材料 ingredient
燕麦……………… 40克
小米……………… 40克
发芽米…………… 80克
水………………… 210毫升

做法 recipe
1. 将燕麦、小米、发芽米一起洗净，放入锅中。
2. 做法1中加入水浸泡约30分钟后，放入内锅中，外锅加1杯水按下开关煮至跳起，再焖15~20分钟即可。

 小常识

燕麦含丰富的膳食纤维，可以改善消化功能、促进肠胃蠕动，并改善便秘的情况，但添加在饭中，应该由少量开始慢慢添加，如果一次食用量太多，可能会造成胀气等。

284
甜椒玉米菜饭

材料 ingredient

红甜椒丁20克、黄甜椒丁20克、甜玉米粒50克、寿司米70克、五谷米100克、水200毫升

做法 recipe

1. 五谷米洗好，泡约40分钟；寿司米洗好备用。
2. 内锅放入五谷米、寿司米和其余材料，放入电锅中，外锅加入2杯水按下开关，烹煮至开关跳起。

小常识

为了增加菜饭的丰富性，将五谷米和寿司米混合使用，只是煮菜饭时的水量要稍作衡量，因为煮五谷米的水量需要较多。

285 菠菜发芽米饭

材料 ingredient

菠菜…………… 100克
发芽米………… 100克
胡萝卜………… 15克
水……………… 110毫升

做法 recipe

1. 菠菜切小段用沸水氽烫去涩后捞起沥干；胡萝卜去皮切丝，备用。
2. 发芽米洗净后沥干水分与做法1的菠菜段、胡萝卜丝及水拌匀放入内锅中浸泡30分钟，外锅加1杯水，按下开关蒸至开关跳起，再焖10分钟即可。

小常识

菠菜拥有丰富的营养素，可以补血、帮助消化，但因为含有草酸，会与钙结合成草酸钙累积体内造成结石，不过草酸在高温下会被破坏减少，因此不要摄取过多就没问题。

286 红豆薏米饭

材料 ingredient

红豆·············· 40克
薏米·············· 40克
大米·············· 100克
水··············· 180毫升

做法 recipe

1. 红豆用冷水（材料外）浸泡约4小时，至涨发后捞起沥干水备用。
2. 将大米、薏米洗净沥干水分，放入锅中，再加入水与做法1的红豆一起拌匀后，放入内锅中，外锅加1杯水按下开关煮至跳起，再焖15~20分钟即可。

🍚 小常识

红豆和薏米都有利尿的作用，可以利水消肿，红豆更具有补血的功效，对于贫血的女性也有帮助。以这碗红豆薏米饭代替白米饭，可以让你看起来不再水肿，更可以气色红润。

287 桂圆红枣饭

材料 ingredient

桂圆肉·············· 40克
去籽红枣··········· 20克
大米·············· 160克
水··············· 200毫升

做法 recipe

1. 去籽红枣切小片备用。
2. 将大米洗净沥干水分，放入锅中，再加入水、桂圆肉与做法1的红枣片一起拌匀，放入内锅中，外锅加1杯水按下开关煮至跳起，再焖15~20分钟即可。

🍚 小常识

桂圆有滋补、安神的效用，红枣含丰富蛋清质及维生素C，桂圆红枣是传统的养身汤，是健康温和的食补饮品，也很适合女性在生理期时食用，使气色更好。

288 豆芽海带芽饭

材料 ingredient

黄豆芽………… 70克
海带芽………… 10克
糙米………… 140克
水………… 180毫升

做法 recipe

1. 黄豆芽、海带芽洗净备用。
2. 糙米洗净沥干水分，与做法1的黄豆芽、海带芽一起放入锅中，拌匀后加入水，浸泡约20分钟后，放入内锅中，外锅加1杯水按下开关煮至跳起，再焖15~20分钟即可。

小常识

海带芽热量非常低，爱美的女性多吃也不用担心发福，加上海带芽含有大量的胶质，可以让你的皮肤宛如婴儿般充满弹性且光滑无比，是皮肤抗老化的优良食品。

289 海苔芝麻饭

材料 ingredient

红米………… 50克
大米………… 100克
海苔粉………… 3克
白芝麻………… 8克
水………… 120毫升

做法 recipe

1. 红米用水（材料外）浸泡约1小时后沥干；白芝麻炒香，备用。
2. 大米洗净后沥干水分与做法1的红米拌匀放入内锅中，外锅加1杯水，浸泡约30分钟后按下开关蒸至开关跳起，再焖10分钟。
3. 趁热撒上做法1的白芝麻及海苔粉拌匀即可。

小常识

芝麻除了可以帮助肠胃消化，更有丰富的维生素，是让皮肤水嫩的重要营养素，此外多吃芝麻还可以让你拥有一头乌黑亮丽的秀发，想要美丽别忘记摄取适量的芝麻。

290 茄子饭

材料 ingredient
茄子1根、肉泥3大匙、大米1杯、水1杯

调味料 seasoning
A. 酱油1大匙、糖1/2大匙、盐1小匙、香油1/3大匙
B. 葱末1/2大匙、蒜末1/2大匙、辣椒末1/3大匙

做法 recipe
1. 将茄子去蒂洗净，切成滚刀小片状，浸泡在水中，要煮时再捞起沥干水分备用。
2. 将米洗净，沥干水分，再加入1杯水浸泡20分钟，最后加入茄子片、肉泥及调味料A稍微拌一下，放入电锅中，外锅加1杯水蒸熟。
3. 开关跳起后，先不要打开锅盖，让茄子饭焖20分钟左右，打开后，加入调味料B，再用饭匙由下往上搅拌均匀即可食用。

291 胡萝卜饭

材料 ingredient
胡萝卜……………… 1根
糯米……………… 1杯
水………………… 9/10杯

调味料 seasoning
橄榄油………… 1/2大匙
盐……………… 1小匙
糖……………… 1/3大匙

做法 recipe
1. 将糯米洗净，加入水一起浸泡2小时备用。
2. 将胡萝卜去皮后洗净，用磨泥器将胡萝卜磨成细泥备用。
3. 将胡萝卜泥及所有调味料加入做法1中，搅拌均匀，放入电锅中，外锅加1杯水煮熟，开关跳起后，先不要打开锅盖，让胡萝卜饭焖约15~20分钟左右，再用饭匙由下往上搅拌均匀即可。

292 台式油饭

材料 ingredient

糯米	2杯
水（八分满）	2杯
干香菇	2朵
虾米	20克
肉丝	100克

调味料 seasoning

酱油	2大匙
糖	1/2小匙
盐	1/2小匙
红葱酥	2大匙
白胡椒粉	1大匙
水	100毫升

做法 recipe

1. 干香菇泡水软化、切丝；虾米泡水软化、沥干，备用。
2. 糯米洗净沥干、放入内锅，再加入2杯八分满的水，外锅倒1杯水，盖上盖子、按下开关，跳起后焖5分钟取出，备用（见图1）。
3. 外锅倒1/4杯水，放入另一内锅，盖上盖子、按下开关，待锅热时倒入少许油（见图2），放入香菇丝、虾米爆香，再加入肉丝拌炒至肉变白色，续放入所有调味料煮开（见图3~4），将做法2的糯米饭倒入拌匀（见图5）。
4. 做法3的电锅外锅倒入1/4杯水，盖上电锅盖待开关跳起，再焖5分钟即可。

注：家中若有2个电锅，可同时制作节省时间。

293 樱花虾米糕

材料 ingredient
长糯米……………300克
水…………………280毫升
红葱末……………25克
樱花虾……………25克

调味料 seasoning
酱油………………20克
盐…………………少许
细砂糖……………少许
白胡椒粉…………少许
沸水………………2大匙

做法 recipe
1. 长糯米洗净沥干，加水放入电锅中，外锅加入1杯水，煮至开关跳起再焖一下。
2. 热锅放入3大匙色拉油，放入红葱末爆香，再放入樱花虾炒香取出。
3. 再将所有调味料加入做法1的糯米饭中充份拌匀，最后放上做法2的樱花虾再蒸5分钟即可。

294 羊肉米糕

材料 ingredient
长糯米……………600克
羊肉片……………350克
姜片………………80克
香油………………5大匙

调味料 seasoning
米酒………………80毫升
盐…………………1/2小匙
鸡精………………1小匙

做法 recipe
1. 糯米先洗净沥干，放入内锅中，内锅加550毫升的水，外锅加1杯水，按下开关蒸至开关跳起，再将糯米饭拌匀保温备用。
2. 热锅，以转小火加入香油爆香姜片，慢慢煸炒到姜片微焦，加入羊肉片一半拌炒，炒到羊肉变白加入米酒、盐、鸡精炒匀。
3. 把蒸熟的糯米放入炒锅中，关火，将糯米、姜片与羊肉片拌匀。
4. 将做法3拌好的料放回电锅内锅中，外锅加1/2杯水，续蒸10分钟即可。

295 桂圆紫米糕

材料 ingredient
紫糯米200克、圆糯米200克、桂圆肉60克、枸杞10克、水370毫升

调味料 seasoning
砂糖 80克、米酒50毫升

做法 recipe
1. 紫糯米洗净沥干水分，加入冷水浸泡约6小时，备用。
2. 桂圆肉洗净拭干水分，倒入米酒拌匀泡30分钟，备用。
3. 圆糯米洗净沥干水分，加入做法1紫糯米，倒入材料中的水，放入电锅中（外锅加1杯水）煮至开关跳起，焖约5分钟后加入做法2桂圆肉、枸杞、砂糖拌匀。
4. 于电锅外锅再加入1/2杯水，蒸至开关跳起即可。

小常识
桂圆肉来自桂圆，买时除了要自己剥壳的干桂圆之外，也可以选择整盒剥好的桂圆肉。

296 红曲甜米糕

材料 ingredient
圆糯米	300克
红曲米	10克
水	300毫升
熟白芝麻	10克
葡萄干	30克

调味料 seasoning
米酒	1大匙
细砂糖	70克

做法 recipe
1. 红曲米泡水1小时备用。
2. 圆糯米洗净沥干，放入做法1沥干的红曲米中拌匀。
3. 将做法2放入电锅中，外锅加入1杯水，煮至开关跳起再焖一下。
4. 再加入细砂糖、米酒、葡萄干充分拌匀后，续蒸5分钟，最后再撒上熟白芝麻即可。

297 白粥

材料 ingredient

白米·················· 1/2杯
水···················· 3.5杯

做法 recipe

1. 白米洗净、沥干，放入内锅中，再加入3.5杯水，移入电锅里。
2. 电锅外锅加入2杯水，盖上锅盖、按下开关，煮至开关跳起即可。

298 吻仔鱼粥

材料 ingredient

米饭·················· 250克
吻仔鱼················ 100克
葱末·················· 适量
蒜末·················· 20克
高汤·················· 650毫升

调味料 seasoning

盐···················· 1/4小匙
鲜鸡精················ 1/4小匙
料理米酒·············· 1小匙
白胡椒粉·············· 少许

做法 recipe

1. 吻仔鱼洗净沥干水分备用。
2. 热锅倒入1大匙油烧热，放入蒜末以小火爆香至呈金黄色，盛出即为蒜酥。
3. 内锅中倒入高汤，放入米饭，加入做法1的吻仔鱼继续拌匀，再加入所有调味料调味，外锅加1/2杯水煮至开关跳起，最后加入葱末和做法2的蒜酥拌匀即可。

299 小米粥

材料 ingredient

小米·················· 100克
麦片·················· 50克
水·················· 1200毫升

调味料 seasoning

冰糖·················· 80克

做法 recipe

1. 小米洗净，泡水约1小时后沥干水分备用。
2. 麦片洗净沥干水分备用。
3. 将做法1、做法2放入电锅内锅中，加入水拌匀，外锅加入1杯水煮至开关跳起，继续焖约5分钟，再加入冰糖调味即可。

🍲 小常识

如果是即食麦片，最好在小米煮好后再加入，外锅重新加少许水继续焖煮一下就好，即食麦片如果一开始就加入也可以，但是口感会更软、更糊一点。

300 排骨稀饭

材料 ingredient

大米·················· 1杯
排骨·················· 300克
香菇·················· 3朵
芋头·················· 1/3个
胡萝卜·················· 少许
葱花·················· 少许
水·················· 8杯

调味料 seasoning

盐·················· 1大匙
胡椒粉·················· 适量

做法 recipe

1. 将大米与排骨洗净，胡萝卜、香菇、芋头切大丁。
2. 所有材料放入电锅内锅，外锅放1杯水，煮至开关跳起后再焖5分钟，加入调味料及葱花即可。

301
人参红枣鸡粥

材料 ingredient
鸡肉块…………400克
大米………………1杯
姜丝………………5克
水…………1600毫升

药材 favoring
人参………………10克
红枣………………6颗

调味料 seasoning
盐………………1.5小匙
白胡椒粉………1/4小匙

做法 recipe
1. 大米洗净；鸡肉块放入沸水中汆烫去血水；所有药材稍微清洗后沥干，备用。
2. 将所有材料、药材放入电锅内锅，外锅加1杯水，盖上锅盖，按下开关，待开关跳起，续焖30分钟后，加入所有调味料拌匀即可。

302 排骨燕麦粥

材料 ingredient

综合燕麦·········· 150克
排骨·············· 500克
上海青··········· 50克
姜················ 2片
高汤··········· 2300毫升

调味料 seasoning

盐················ 1小匙
鸡精············ 1/2小匙
料理米酒········· 1大匙

做法 recipe

1. 将排骨洗净，放入滚水中氽烫至汤汁出现大量灰褐色浮沫，倒除汤汁再次洗净备用。
2. 上海青洗净，切小段备用。
3. 将做法1放入电锅中，加入高汤、姜片和综合燕麦拌匀后，外锅加1杯水煮至开关跳起，继续焖约5分钟，开盖加入做法2上海青拌匀，再以调味料调味即可。

303 银耳莲子粥

材料 ingredient

大米	100克
莲子	40克
银耳	10克
枸杞	5克
水	1200毫升

调味料 seasoning

黄冰糖	70克

做法 recipe

1. 银耳洗净，泡水约30分钟后沥干水分，撕成小朵备用。
2. 莲子和大米一起洗净沥干水分；枸杞另外洗净沥干；备用。
3. 将莲子、银耳放入电锅内锅中，加入水拌匀，外锅加入1杯水煮至开关跳起，继续焖约5分钟，再加入白米拌匀，外锅再次加入1杯水煮至开关跳起，再焖约5分钟，加入枸杞和黄冰糖拌匀即可。

304 绿豆小薏米粥

材料 ingredient

大米	50克
绿豆	100克
小薏米	80克
水	1500毫升

调味料 seasoning

细砂糖	120克

做法 recipe

1. 绿豆和小薏米一起洗净，泡水约2小时后沥干水分备用。
2. 大米洗净沥干水分备用。
3. 将做法1及做法2放入电锅内锅中，加入水拌匀，外锅加入1杯水煮至开关跳起，继续焖约10分钟，再加入细砂糖调味即可。

小常识

甜粥所用的糖其实并没有限定哪一种，细砂糖、冰糖、砂糖或是红糖都可以，如果想要香气浓则可以选择砂糖或是黑糖，想要养生一点则可以使用冰糖或黑糖，增加滋养功效。

305 燕麦甜粥

材料 ingredient

综合燕麦…………… 150克
葡萄干…………… 30克
蔓越莓干丁……… 30克
水…………… 1500毫升

调味料 seasoning

冰糖…………… 80克

做法 recipe

1. 葡萄干、蔓越莓干丁一起洗净，沥干水分备用。
2. 综合燕麦洗净，沥干水分备用。
3. 将做法2放入电锅内锅中，加入水拌匀，外锅加入1杯水煮至开关跳起，继续焖约5分钟，最后加入做法1材料和冰糖拌匀即可。

🍚 小常识

现成的水果干就是煮甜粥的好材料，口味还会比新鲜水果更好，不会因为受热过于软化，口感适中且又有水果的天然甜味。

306 红豆荞麦粥

材料 ingredient

荞麦…………… 80克
大米…………… 50克
红豆…………… 100克
水…………… 2500毫升

调味料 seasoning

砂糖…………… 120克

做法 recipe

1. 荞麦洗净，泡水约3小时后沥干水分备用。
2. 红豆洗净，泡水约6小时后沥干水分备用。
3. 白米洗净并沥干水分备用。
4. 将做法1、做法2材料放入电锅内锅中，加入水拌匀，外锅加入1杯水煮至开关跳起，继续焖约5分钟，再加入做法3大米拌匀，外锅再次加入1杯水煮至开关跳起，再焖约5分钟，加入砂糖拌匀即可。

307 八宝粥

材料 ingredient

糙米	50克
白米	50克
圆糯米	20克
红豆	50克
薏米	50克
花生仁	50克
桂圆肉	50克
花豆	40克
雪莲子	40克
莲子	40克
绿豆	40克

调味料 seasoning

冰糖	50克
砂糖	80克
绍兴酒	20毫升

做法 recipe

1. 将糙米、花豆、薏米、花生仁、雪莲子一起洗净，泡水至少5小时后沥干；红豆另外洗净用可以淹过的水量浸泡至少5小时后沥干，浸泡水留下；备用。
2. 将白米、圆糯米、绿豆、莲子一起洗净沥干备用。
3. 将做法1连同泡红豆水和做法2材料一起放入电锅内锅中，加入1600毫升水和绍兴酒拌匀，外锅加入2杯水煮至开关跳起，续焖约10分钟。
4. 桂圆肉洗净沥干水分，放入做法3中拌匀，外锅再加入1/2杯水煮至开关跳起，续焖约5分钟，最后加入冰糖和砂糖拌匀即可。

308 红糖桂圆粥

材料 ingredient
白糯米150克、桂圆肉50克、水1500毫升

调味料 seasoning
红糖200克

做法 recipe
1. 将白糯米洗净备用。
2. 将所有材料，外锅加1杯水，盖上锅盖，按下开关，待开关跳起，续焖10分钟后，拌入红糖即可。

🍚 小常识
红糖炖好后再拌入，最好使用粉状的红糖，如果是使用块状的红糖，就得在一开始就加入比较好溶化。此外炖好后没有吃完，放久了糯米将水分吸收变成米糕状时，可以加入一点热水拌一拌再加点红糖调整一下味道就可以了。

309 紫米莲子甜汤

材料 ingredient
紫米	1杯
新鲜莲子	1杯
水	6杯

调味料 seasoning
糖	6大匙

做法 recipe
1. 紫米洗净，浸泡水2小洗净沥干备用。
2. 取一内锅，放入做法1的紫米及水。
3. 将做法2放入电锅中，外锅放2杯水，盖锅盖后按下开关，待开关跳起后。
4. 放入做法1的莲子，外锅再放2杯水，盖锅盖后按下开关，待开关跳起后，加糖调味即可。

甜点点心
一锅搞定
ELECTRIC POT

电锅做点心？没错！用电锅来做点心省时又方便，连蛋糕都能用电锅做！用电锅做出蒸蛋糕，口感比烤的更软更嫩，而且可以减少油的用量，健康无负担。此外需要花时间炖煮的甜汤，使用电锅就对了。

310 红豆汤

材料 ingredient

红豆300克、砂糖200克、水3000毫升

做法 recipe

1. 检查红豆，将破损的红豆挑出。
2. 将做法1的红豆洗净后，以冷水浸泡约半小时。
3. 取一炒锅，倒入可淹过红豆的水量，煮至滚沸，放入做法2的红豆汆烫约30秒去涩味，再捞起，沥干水分。
4. 电锅内锅放入做法3的红豆，倒入3000毫升水，外锅加入2杯水，按下开关煮至跳起，再焖约10分钟，检视红豆外观是否松软绵密，如果红豆不够绵密，外锅再加水继续煮至软。
5. 最后在做法4的锅中，加入砂糖即可。

小常识

红豆熟透，豆子又不泥烂，就是好吃的第一步，所以泡水和烫豆做法千万不能省略，切记泡水至少30分钟，并用滚水烫豆，以去除涩味，才会好吃。

311 红豆麻薯汤

材料 ingredient

红豆·····················1杯
麻吉烧·····················5颗
水·····················5杯

调味料 seasoning

糖············· 5大匙

做法 recipe

1. 红豆洗净加热水盖上盖子，泡2小时备用。
2. 取一内锅，放入做法1的红豆及水。
3. 将做法2放入电锅中，外锅放1.5杯的水，盖锅盖后按下开关，待开关跳起后放入麻吉烧，盖锅盖焖20分钟，加入糖调味即可。

312 绿豆汤

材料 ingredient

绿豆⋯⋯⋯ 300克
砂糖⋯⋯⋯ 200克

做法 recipe

1. 将破损的绿豆挑出，放入水中洗净，除去表面的灰尘和杂质。
2. 取一内锅，放入做法1的绿豆。
3. 在做法2的内锅中加入3000毫升滚水。
4. 外锅加3杯水，盖上锅盖，按下开关。
5. 待开关跳起，加入砂糖均匀搅拌即可。

313 绿豆薏米汤

材料 ingredient

绿豆⋯⋯⋯⋯ 1杯
薏米⋯⋯⋯⋯ 1杯
水⋯⋯⋯⋯ 6杯

调味料 seasoning

糖⋯⋯⋯⋯ 少许

做法 recipe

1. 绿豆、薏米洗净后，泡水20分钟沥干备用。
2. 取一内锅，放入绿豆、薏米及水。
3. 将做法2放入电锅中，外锅放2杯水，盖锅盖后按下开关，待开关跳起后，加糖调味即可。

314 花生汤

材料 ingredient

花生仁……………… 300克
白砂糖……………… 100克

做法 recipe

1. 检查花生仁是否完好，把破裂或有味道的挑出来。
2. 用清水洗净花生仁，去除花生仁涩味。
3. 花生仁先用冷水泡约1小时，去除苦味、涩味以及软化外皮。
4. 取一电锅内锅，放入沥干泡过的花生仁、400毫升的冷水，外锅放水400毫升，蒸约1小时至软烂。
5. 做法4中，再加入2000毫升的冷水、白砂糖，轻轻搅拌一下。
6. 将做法5放入电锅中，外锅放入4杯水，继续蒸煮约2小时即可。

注：若花生仍不够软烂，外锅可再加入水，蒸煮至软。

315 牛奶花生汤

材料 ingredient

花生…………………2杯
水……………………6杯

调味料 seasoning

牛奶…………1/2杯
糖…………… 6大匙

做法 recipe

1. 花生洗净加热水盖上盖子，浸泡2小洗净沥干备用。
2. 取一内锅，放入做法1的花生及水。
3. 将做法1放入电锅中，外锅放3杯水，盖锅盖后按下开关，待开关跳起后，加糖及牛奶调味即可。

316 红枣炖南瓜

材料 ingredient

绿皮南瓜…… 300克
红枣………… 5颗
细砂糖……… 1.5大匙
水………… 600毫升

做法 recipe

1. 南瓜去皮、去籽，切块；红枣洗净，备用。
2. 将南瓜块、红枣、细砂糖和水，放入内锅中，外锅加1.5杯水，按下开关，煮至开关跳起即可。

317 花生仁炖百合

材料 ingredient

花生仁………… 80克
干百合………… 20克
冰糖………… 2大匙
水………… 600毫升

做法 recipe

1. 花生仁泡水，放隔夜，取出沥干水分备用。
2. 干百合泡水1小时变软，沥干水分备用。
3. 将做法1、2的所有食材、冰糖和水放入内锅中，外锅加2杯水（分量外），按下开关，煮至开关跳起即可。

318 姜汁地瓜汤

材料 ingredient
姜·····················100克
地瓜····················30克
水······················6杯

调味料 seasoning
黑糖·············适量

做法 recipe
1. 姜去皮切块打汁；地瓜去皮切块，备用。
2. 取一内锅，放入做法1的地瓜、姜汁及水。
3. 将做法2放入电锅中，外锅放1杯水，盖锅盖后按下开关，待开关跳起后，加黑糖调味即可盛碗。

小常识
姜汁地瓜汤就是要加黑糖才对味，因为黑糖有一股浓郁却香甜的风味，与姜搭配非常适合。

319 芋头西米露

材料 ingredient
芋头·····················1/2条
西米····················100克
水······················5杯

调味料 seasoning
糖··············5大匙
椰奶·············适量

做法 recipe
1. 芋头去皮切小丁放入内锅。
2. 将做法1放进电锅中再加入水，外锅加1杯水，盖上锅盖按下开关，待开关跳起，放入西米。
3. 外锅再加1/2杯水，盖上锅盖按下开关，待开关跳起，加糖及椰奶调味即可。

320 冰糖莲子汤

材料 ingredient
干燥莲子…… 200克
冰糖………… 75克
水………… 5杯

做法 recipe
1. 将全部的干燥莲子放入水中洗净后，再泡入冷水中约1小时至微软。
2. 取一锅，放入沥干泡过的莲子，再加入水。
3. 将冰糖放入做法2中，再放至电锅内，外锅加4杯水，煮约2小时即可（冰凉食用风味更佳）。

🍲 小常识
莲子营养价值丰富，不过莲子心口感较差，会有苦涩味。选择莲子时，不妨直接买去心莲子回家就可立即使用。或者买回家自己处理，处理的方法很简单，莲子泡好水后，用牙签直接从莲子尾端穿过，就可把莲子心剔除掉。

321 枸杞桂圆汤

材料 ingredient
桂圆肉………… 50克
枸杞………… 20克
水………… 5杯

调味料 seasoning
糖………… 适量

做法 recipe
1. 桂圆肉洗净；枸杞洗净沥干，备用。
2. 取一内锅，放入的桂圆肉、枸杞及水。
3. 将做法2放入电锅中，外锅放2杯水（分量外），盖锅盖后按下开关，待开关跳起后，加糖调味即可。

322 紫山药桂圆甜汤

材料 ingredient

紫山药·················· 100克
桂圆干·················· 30克
红枣···················· 10颗
水····················· 4杯

调味料 seasoning

糖············· 3大匙

做法 recipe

1. 紫山药去皮切块；桂圆干、红枣泡水洗净，备用。
2. 取一内锅，放入做法1的紫山药块、桂圆干、红枣及水。
3. 将做法2放入电锅中，外锅放1杯水（分量外），盖锅盖后按下开关，待开关跳起后，加糖调味即可。

323 银耳红枣桂圆汤

材料 ingredient

干银耳·················· 30克
红枣···················· 10颗
桂圆···················· 50克
冰糖···················· 75克
水····················· 5杯

做法 recipe

1. 干银耳泡水至发软，剪去硬蒂后，用手撕成小块，备用。
2. 红枣、桂圆用清水洗净备用。
3. 取一锅，将做法1、2的材料放入，再加入水及冰糖，放入电锅中，外锅加4杯水，煮约2小时即可（冰凉食用风味更佳）。

324 糯米百合糖水

材料 ingredient

圆糯米………… 80克
干百合………… 20克
砂糖………… 2大匙
水………… 800毫升

做法 recipe

1. 圆糯米洗净泡水2小时，沥干水分备用。
2. 干百合泡水1小时变软，沥干水分备用。
3. 将做法1、2的所有食材、砂糖和水，放入内锅中，外锅加1.5杯水，按下开关，煮至开关跳起即可。

325 百合莲枣茶

材料 ingredient

新鲜莲子20克、新鲜百合根15克、枸杞5克、红枣5克

调味料 seasoning

冰糖1大匙

做法 recipe

1. 将新鲜莲子除去中间芯的部分，再与新鲜百合根一起用沸水略为汆烫1分钟，捞起后沥干水分备用。
2. 将枸杞与红枣略为清洗后用沸水汆烫30秒钟，捞起后沥干水分备用。
3. 将做法1与做法2汆烫好的材料放入大碗中，加入3.5杯的水及冰糖，再放入电锅中，外锅加1杯水，蒸30分钟即可。

326 地瓜年糕甜汤

材料 ingredient

地瓜	2介
红枣	6颗
甜年糕	150克
水	4杯

做法 recipe

1. 地瓜去皮切块；红枣泡水洗净；甜年糕切小块，备用。
2. 取一内锅，放入地瓜块、红枣及水放入电锅，电锅外锅放1杯水，盖锅盖后按下启 开关，待开关跳起后，加入年糕块焖一下即可。

🍚 小常识

　　甜年糕是过年不可少的的食物，与地瓜一起煮成甜汤，简单又温暖，只是年糕本身是熟的，只要焖一下即可。

327 冰糖炖雪梨

材料 ingredient

雪梨	600克
水	800毫升

调味料 seasoning

冰糖	100克

做法 recipe

1. 雪梨去皮备用。
2. 将所有材料与冰糖放入电锅中，外锅加1/2杯水，盖上锅盖，按下开关，待开关跳起，续焖10分钟即可。

🍚 小常识

　　这是滋养喉咙的甜汤，温热饮用或是冰镇后喝，风味都绝佳。炖煮后的梨子因为味道已经完全释出在水中，所以吃起来没有什么味道，可以丢弃梨子只喝汤汁，因此梨子切不切块都可以。

328 菠萝银耳羹

材料 ingredient

罐头菠萝········· 1罐
银耳············· 30克
红枣············· 10颗
水··············· 4杯
枸杞············· 10克

做法 recipe

1. 银耳泡水软化，再用果汁机打碎备用。
2. 取一内锅，放入做法1的银耳碎、红枣、枸杞及水。
3. 将做法2放入电锅中，外锅放1杯水，盖锅盖后按下开关，待开关跳起后，加罐头菠萝（含汤汁）即可。

小常识

利用罐头菠萝汤汁的甜味来调味就足够，但是如果喜欢甜味重一点的，可以再添加适量的糖调味。

329 酒酿汤圆

材料 ingredient

汤圆············· 1盒
酒酿··········· 100克
鸡蛋············· 2个

调味料 seasoning

细砂糖········· 2大匙

做法 recipe

1. 内锅加7.5杯水，外锅加1杯水煮至蒸气散出后，放入汤圆，待汤圆浮上水面取出，备用。
2. 另取内锅加入2杯水、酒酿与细砂糖，外锅加1/2杯水，煮至蒸气散出。
3. 将蛋打入小碗中打散备用。
4. 将做法1的汤圆捞至做法2的锅中，再将做法3打散的蛋液慢慢淋至小锅中即可。

330 糖水豆花

材料 ingredient
无糖豆浆·············· 800克
胶冻粉················· 20克

调味料 seasoning
水·········· 800毫升
糖············ 100克
焦糖浆·········· 少许

做法 recipe
1. 豆浆放入电锅内锅，外锅用1杯水煮至开关跳起，加入胶冻粉并不断地搅拌至胶冻粉完全溶解，取出内锅放凉，待凝结即为豆花。
2. 水煮开后加入糖，等糖完全溶化后加少许焦糖浆拌匀即为糖水。
3. 将豆花盛盘，淋上糖水即可。

🍚 **小常识**
砂糖、细砂糖、白砂糖均适用；胶冻粉可用果冻粉取代。

331 木瓜炖冰糖

材料 ingredient
未熟透木瓜 ·········· 1/2个
冰糖················· 1.5大匙
水················· 500毫升

做法 recipe
1. 木瓜去皮、去籽、切块备用。
2. 将做法1的木瓜块、冰糖和水，放入内锅内，外锅加1杯水（分量外），按下开关，煮至开关跳起即可。

332 黑糖糕

材料 ingredient

低筋面粉	63克
淀粉	16克
黑糖蜜	63克
色拉油	32克
全蛋	111克
小苏打	3克
水	11克

做法 recipe

1. 将低筋面粉及淀粉一起过筛至盆中备用。
2. 将黑糖蜜、色拉油、全蛋加入做法1中搅拌均匀。
3. 将小苏打融入水中，再加入做法2的面糊中拌匀。
4. 将面糊到入内锅中，外锅加2杯水，按下开关蒸至跳起。
5. 再洒上熟芝麻增添香气即可。

333 肉松咸蛋糕

材料 ingredient

鸡蛋3颗、细砂糖120克、低筋面粉100克、泡打粉1小匙、色拉油2大匙、肉松4大匙、葱花30克

做法 recipe

1. 将低筋面粉及泡打粉一起过筛备用。
2. 取一干净钢盆，放入鸡蛋打至起泡后再加入细砂糖继续打至湿性发泡。
3. 将做法1的过筛粉类慢慢加入做法2的盆中，搅拌均匀后再加入色拉油拌匀。
4. 将做法3的面糊倒入容器中，再均匀撒上肉松、葱花装饰。
5. 电锅外锅加入2杯水，放上蒸架，盖上锅盖按下开关，至水滚出现蒸汽，打开锅盖，将做法4的面糊放入蒸架上，盖上锅盖开始蒸。
6. 再蒸约25分钟后强制关掉开关，取出蛋糕即可。

334 大理石发糕

材料 ingredient

A.
低筋面粉············ 70克
粘米粉·············· 70克
泡打粉·············· 4克
B.
水·················· 112克
细砂糖·············· 70克
巧克力酱··········少许

做法 recipe

1. 材料A过筛（见图1~2），倒入水和细砂糖搅拌至细砂糖完全溶匀成原味面糊（见图3），备用。
2. 将做法1静置约20分钟后，依序装入杯模中约八分满，备用。
3. 于做法2原味面糊挤上巧克力酱，以竹签划出线条（见图4）。
4. 在电锅外锅内倒入1杯水按下开关，待水蒸气冒起后放入做法3蒸至面糊熟透即可。

1
2

3

4

小常识

　　除了买发糕粉等调制好的预拌粉，其实只要运用低筋面粉和粘米粉，以1：1的比例使其松软和粘，混合均匀即可。（大理石发糕食谱去除巧克力酱，就是原味发糕。）

注:
1. 判断发糕是否熟透可以插入竹签，若竹签上没有沾上面糊就代表熟透了。
2. 调好的面糊要静置约20分钟，让里面的原料更紧密地融合在一起，当加入某些香料如抹茶粉等，也会让原料的香气彻底渗透。

335 抹茶红豆发糕

材料 ingredient

A.
低筋面粉………… 90克
粘米粉…………… 95克
抹茶粉…………… 6克
泡打粉…………… 5克
B.
水………………… 153克
细砂糖…………… 114克
蜜红豆…………… 30克

做法 recipe

1. 材料A过筛，倒入水和细砂糖搅拌至细砂糖完全溶匀成抹茶面糊，备用。
2. 将做法1静置约20分钟后，依序装入杯模中约八分满，撒上蜜红豆备用。
3. 在电锅外锅倒入1杯水按下开关，待水蒸气冒起后放入做法2蒸至面糊熟透。

336 金黄乳酪发糕

材料 ingredient

A. 低筋面粉100克、粘米粉108克、奶酪粉4克、金黄乳酪粉4克、泡打粉6克
B. 水172克、细砂糖128克、火腿1片、乳酪少许

做法 recipe

1. 火腿和乳酪切丁，备用。
2. 材料A过筛，倒入水搅拌均匀，静置约20分钟，备用。
3. 将做法1静置约20分钟后，依序装入杯模中约八分满，撒上做法1火腿丁和乳酪丁，备用。
4. 在电锅外锅内倒入1杯水按下开关，待水蒸气冒起后放入做法3蒸至面糊熟透即可。

小常识

　　金黄乳酪粉可在烘焙材料店购得，也可以用一般奶酪粉取代，但是色泽会比金黄乳酪粉淡许多。

337 马拉糕

材料 ingredient

A. 低筋面粉110克、泡打粉5克、吉士粉10克
B. 砂糖110克
C. 鸡蛋2个、鲜奶30克、色拉油45克
D. 小苏打2克、水25毫升

做法 recipe

1. 材料A混合过筛，与材料B一起拌匀成面糊。
2. 将蛋加入做法1的面糊中，用打蛋器拌匀后，加鲜奶搅拌至砂糖完全融解，再加入色拉油拌匀。
3. 将小苏打与水调匀，加入做法2的面糊中，用刮刀仔细拌匀，然后倒入圆形模型静置20分钟。
4. 外锅倒入4杯水，按下开关，盖上锅盖，等水滚再将做法3的面糊放入电锅中蒸至开关跳起，取出放凉即可切块食用。

🍚 小常识

做法4中，放入面糊后蒸至开关跳起，中途绝对不可将锅盖打开，否则马拉糕就无法发起来了。

338 葡萄干布丁

材料 ingredient

吐司4片、牛奶400毫升、鸡蛋3个、细砂糖5大匙、香草粉少许、玉米粉1大匙、布丁模型5个、葡萄干3大匙、巧克力酱1大匙、奶油适量

做法 recipe

1. 切除吐司的硬边，再将吐司切成小块状放调理盆中，倒入牛奶浸泡吐司；布丁模型中涂上奶油，备用。
2. 用打蛋器将做法1的吐司搅碎，再加入玉米粉、细砂糖、香草粉搅拌均匀，再打入鸡蛋搅拌均匀即成布丁液。
3. 将葡萄干放入做法1的布丁模型中，再将做法2的布丁液倒入模型中备用。
4. 电锅外锅加入2杯水，按下开关，盖上锅盖，待水煮开冒出蒸气后，将做法3的布丁放入电锅中，盖上锅盖，但留点缝隙。
5. 按下开关，大约蒸个25分钟，取出布丁倒扣出来，淋上巧克力酱即可。

339 杏仁水果冻

材料 ingredient

杏仁露4汤匙、鲜奶300毫升、琼脂粉约10克、冷开水50毫升、冰糖200克、芒果丁适量、猕猴桃丁适量、热开水3杯

做法 recipe

1. 琼脂粉与少许细冰糖搅拌均匀后，倒入冷开水搅匀备用。
2. 电锅外锅加3杯热开水，按下开关，倒入做法1的材料及冰糖，用汤勺不断搅拌，待冰糖溶解后即用滤网过滤备用。
3. 待做法2的材料稍冷后加入杏仁露、鲜奶拌匀，倒入模型中，待完全冷却时放入冰箱冷藏，食用前加入芒果丁、猕猴桃丁即可。

🍲 小常识

可依个人喜好于杏仁冻上加入各式的水果丁，是很适合夏天的清爽点心。

340 薄荷香瓜冻

材料 ingredient

薄荷汁200毫升、薄荷酒15毫升、香瓜汁600毫升、吉利T粉20克、细砂糖100克、琼脂粉3克、热开水1杯、冷开水30毫升

做法 recipe

1. 琼脂粉与30毫升冷开水拌匀备用。
2. 吉利T粉与砂糖搅拌均匀备用。
3. 电锅外锅加1杯热开水，按下开关，放入做法1的材料，不要盖回锅盖，且需不停搅拌约2分钟至琼脂粉煮化，加做法2的材料，一直搅拌至呈果冻液时，关掉电源，倒入薄荷汁、薄荷酒、香瓜汁拌匀，再倒入模型中待稍凉时，放入冰箱冷藏即可。

🍲 小常识

吉利T粉一定要和细砂糖先拌匀后再加入热开水中，才不会结块。

341麻糬

材料 ingredient

A.
糯米粉·············· 300克
水··················· 150毫升
细砂糖·············· 55克
B.
澄粉················· 40克
沸水················· 30毫升
C.
熟猪油·············· 55克
D.
豆沙················· 500克
椰子粉·············· 300克
葡萄干·············· 20颗

做法 recipe

1. 将材料A混合揉匀，材料B的沸水冲入澄粉中，将澄粉烫熟后，倒入材料A中一起揉匀，再加入材料C，一起揉至表面光滑即成糯米皮（见图1）。
2. 将做法1糯米皮分成每份约30克，每个包入约25克的豆沙（见图2）。
3. 取一盘，盘面抹油防止沾粘，放入做法2包好的麻糬。
4. 电锅外锅放1杯水，按下开关待水滚后，放入做法3的麻糬，按下开关。
5. 待开关跳起，取出麻糬趁热沾上椰子粉，再放上葡萄干即可（见图3~4）。

242绿豆雪糕

材料 ingredient
A. 绿豆仁400克、红豆沙200克
B. 细砂糖380克、水麦芽100克、色拉油120
　　毫升、盐3克

做法 recipe
1. 绿豆仁洗净泡冷水6~8小时。
2. 将做法1的绿豆仁取出沥干，放入电锅，外锅
　　加2.5杯的水以大火蒸至少30分钟至熟。
3. 做法2的绿豆仁蒸熟后，趁热加入材料B混
　　合拌匀。
4. 待做法3的绿豆馅完全凉后，取绿豆馅20
　　克，包入红豆沙5克，压入模中成型，冷
　　藏保存即可。

🍚 小常识
　　　要判断绿豆仁有没有蒸熟，可以这样检验，蒸了20~30
分钟以后，打开锅盖，拿点绿豆沙用手一压，若是呈粉状，就
表示绿豆仁已经蒸熟了。

343西米水晶饼

材料 ingredient
西米…………… 50克
水………… 300毫升
细砂糖………… 50克
澄粉………… 150克
红豆沙馅…… 300克

做法 recipe
1. 水烧开，加入西米以小火慢煮，须不时搅
　　拌避免烧焦，煮至西米成透明状后，再加
　　入细砂糖。
2. 一边搅拌做法1西谷米，一边慢慢倒入澄
　　粉，并用力搅拌使粉不致结为粉粒。
3. 将双手沾上适量澄粉（材料外），避免沾
　　粘，将做法2西谷米揉匀成面团。
4. 做法3面团均分成每个重约30克，分别将
　　面团用手压成扁圆状，包入红豆沙馅约20
　　克，捏紧包成圆形备用。
5. 电锅外锅放1杯水，按下开关煮至水滚冒
　　烟，放入做法4蒸约10分钟即可。

344 窝窝头

材料 ingredient

玉米粉	200克
黄豆粉	50克
低筋面粉	50克
细砂糖	100克
泡打粉	5克
无盐奶油	20克
70℃温水	150毫升

做法 recipe

1. 将玉米粉、黄豆粉、低筋面粉及细砂糖混合后，冲入温水揉匀，再加入无盐奶油及泡打粉揉至均匀。
2. 将做法1分成20等份，捏成中空的圆锥形，放入蒸盘中备用。
3. 电锅外锅放1.5杯水，按下开关待水滚冒烟后，放入做法2蒸约20分钟即可。

345 红豆年糕

材料 ingredient

红豆·········· 100克
糯米粉········· 300克

调味料 seasoning

砂糖·········· 300克
黑糖·············· 20克

做法 recipe

1. 红豆洗净浸水300毫升约6小时，放入电锅内锅中，外锅加2.5杯的水，按下开关煮至开关跳起，再焖10分钟，加入所有调味料拌匀。
2. 糯米粉加水300毫升拌匀，再加入做法1的红豆拌匀备用。
3. 取模型底部铺上玻璃纸，倒入做法2的糯米糊，放入电锅中，外锅加4杯水，按下开关蒸1小时即可。

346 港式萝卜糕

材料 ingredient

白萝卜600克、粘米粉300克、澄粉30克、腊肉150克、虾米100克、葱酥少许

调味料 seasoning

蚝油3大匙、盐1大匙、白胡椒粉1/2大匙

做法 recipe

1. 将腊肉切成碎末状；粘米粉与澄粉一起放入大碗中，加入400毫升水调匀成米浆备用。
2. 虾米洗净后泡软，捞出沥干水分，切末备用。
3. 白萝卜洗净，去皮后以刨丝器刨成细丝备用。
4. 热锅倒入3大匙油烧热，放入做法1、2的腊肉末及虾米末爆香后盛出；续将做法3的萝卜丝以中火炒软，接着加入500毫升水与调味料焖煮5分钟备用。
5. 将做法1的米浆分次倒入锅中，以小火边煮边拌搅至成糊状后，再加入大约3/4分量将炒好的做法4腊肉和虾米拌匀。
6. 将做法5的材料盛入已铺上玻璃纸的模型中，装至约八分满，拿起摸型在桌上敲数下，去除里面的空气。
7. 表面抹平后，再撒上剩余的做法4炒料，并放入电锅中，外锅加3杯水蒸约40分钟即可。

超便利
一锅三菜
ELECTRIC POT

用电锅菜原本就非常方便，但是一次做一道菜需费不少时间，其实只要花点心思，将汤水放在内锅，架上筷子或层架再放一盘菜，蔬菜用铝箔纸包好，将三道菜一起入电锅，只要20分钟就能一次上桌，赶时间的时候超方便。

一锅多菜 方便有学问

只要有一台电锅，除了能煮饭、热菜外，还能用电锅一次煮三道菜，一起完成、迅速用餐。只要将食材放进内锅，在外锅加入适量水后，盖上锅盖、按下开关，时间到开关自然会跳起来，完全不必操心食物会不小心煮到烧焦，容易又方便！利用电锅蒸煮的这段时间，还可以去做别的事情呢，完全符合现代人方便又省时的概念。

三道菜互相配合时间

通常1杯水可蒸约15~20分钟，2杯水则可蒸约30~40分钟，如果炖煮不易熟的食材，可以增加外锅的水量，以延长炖煮时间，但是续加水时，一定要用热水，以免锅内温度顿时骤降，影响烹调时间与料理美味。

一锅多菜烹煮诀窍

使用电锅内附配件当格层，就可以巧妙的同时用一个电锅做出多道料理。也能利用筷子当格层，就不会占太多空间，用层层叠叠的方式，放入多盘的菜色。要注意摆放的内锅或碗盘，不要超过外锅高度过高，以免盖上锅盖后无法密合，且加热后，所产生于锅盖内的蒸汽，更会流入内锅中，失去料理应有风味。

一锅多菜，三层架使用

使用筷子当格层，不会占用太多空间，也可以用层层叠叠的方式，放入多盘的菜色。

一锅多菜，双层架使用

使用电锅内附配件当格层，就可以巧妙的同时用一个电锅做出多道料理。

一锅多菜，铝箔纸包菜

菜可以用铝箔纸包裹，放入一起蒸，可一次做多样菜，也可避免蒸的过程中水分流失。

摆放置中并覆盖保鲜膜

菜色摆放入电锅内时，应放置正中央，这是因为如果将碗盘偏于一侧，煮出来的食物会受热不平均，且其锅盖上的水蒸气，会在蒸时，沿着靠外锅壁的内锅，流入内锅的料理中，这样易使料理走味。因此包覆上保鲜膜，可以避免水气流入食物内。

3种方便蒸酱

|快|速|方|便|调|味|

用电锅做料理，就是要简单快速又方便，就连调味都要既简单又好吃，才能达到快速的经济效益！先来学会调制三种方便酱料，就能一锅三菜快速上桌了。

炖肉酱汁

专门用于电锅炖肉的酱汁，口味适中，浓淡适宜！

材料

酱油	30毫升
味淋	30毫升
糖	30毫升
水	210毫升

做法

所有材料混合均匀，即为1份炖肉煮汁。

应用料理 土豆炖肉、酱烧肉丸、牛肉炖萝卜、芋头炖鸡

红烧酱汁

属于重口味的酱汁，红烧后色泽浓郁，相当下饭！

材料

酱油	30毫升
味淋	30毫升
糖	30毫升
水	180毫升

做法

所有材料混合均匀，即为1份红烧酱汁。

应用料理 海带卤肉、红烧鸡翅、香菇蒸鸡、蒜苗旗鱼

蒸饭酱汁

蒸饭用的酱汁，以2杯米搭配2杯水的水量为一份！

材料

酱油	8毫升
盐	8毫升
酒	30毫升
水	2杯

做法

所有材料混合均匀，即为1份蒸饭酱汁。

应用料理 薏米蒸饭、三文鱼蒸饭、鲜菇鸡肉蒸饭

347 腊味蒸饭
348 洋葱蛋
349 豆酱肉泥蒸豆腐

材料 ingredient

腊肠	2根	豆腐	2块
白米	1杯	洋葱	1/2棵
水	1杯	鸡蛋	1颗
肉泥	100克	鱼板	3片
豆酱	1大匙	青蒜丝	适量
辣椒酱	1小匙		
蒜头	2颗		

做法 recipe

1. 腊肠洗净；白米洗净；蒜头去皮切末，备用。
2. 肉泥加入豆酱、辣椒酱、蒜末及30毫升水搅拌均匀，备用。
3. 洋葱切丝、鱼板切丝、蛋打成蛋液，再一起包入锡箔纸内，备用。
4. 取一内锅，放入白米及1杯水，放入腊肠，再放入做法3的锡箔包，在内锅上架2根筷子，放一深盘放入豆腐，将做法2肉泥铺在豆腐上，外锅放2杯水，盖上盖子、按下开关。
5. 开关跳起后，将蒸好的豆腐装盘，撒上青蒜丝，为豆酱肉泥蒸豆腐。
6. 取出锡箔包，打开洋葱蛋盛盘，为洋葱蛋。
7. 腊肠切片，放在米饭上盛碗，为腊味蒸饭。

上层：豆酱肉泥蒸豆腐
下层：洋葱蛋＋腊味蒸饭

豆酱肉泥蒸豆腐

洋葱蛋

腊味蒸饭

350 红烧鸡翅
351 红白萝卜卤
352 枸杞圆白菜

材料 ingredient

鸡翅	6只
胡萝卜	1/2根
白萝卜	1/2个
圆白菜	200克
枸杞	1大匙
葱	1棵
姜	20克

调味料 seasoning

红烧酱汁	1份
盐	少许

做法 recipe

1. 鸡翅洗净、用热水冲过；胡萝卜、白萝卜洗净去皮切块，备用。
2. 圆白菜洗净切小片；枸杞洗净；葱洗净切丝；姜洗净切片，备用。
3. 取一内锅，放入姜片、红烧酱汁，再放入做法1的鸡翅、胡萝卜块、白萝卜块，移入电锅中。
4. 在内锅上架2根筷子，放上一个蒸盘，放入圆白菜、枸杞，外锅放2杯水，盖上锅盖、按下开关。
5. 开关跳起后，取出枸杞、圆白菜，加入少许盐拌匀装盘，为枸杞圆白菜。
6. 卤鸡翅夹起盛盘，搭配做法2葱丝，为红烧鸡翅。
7. 取出卤好的胡萝卜、白萝卜摆盘，为胡萝卜、白萝卜卤。

上层：枸杞圆白菜
下层：红白萝卜卤 + 红烧鸡翅

红烧鸡翅

红白萝卜卤

枸杞圆白菜

353 土豆炖肉
354 金针菇丝瓜
355 蒜片四季豆

材料 ingredient

土豆	2个
牛小排	2块
胡萝卜	1根
金针菇	适量
姜	15克
丝瓜	1/2根
蒜头	2瓣
四季豆	150克

调味料 seasoning

炖肉酱汁	1份
盐	少许
香油	2小匙

上层：金针菇丝瓜 + 蒜片四季豆
下层：土豆炖肉

做法 recipe

1. 土豆去皮切块；牛小排切小块；胡萝卜去皮取2/3切块，备用。
2. 金针菇去尾；姜切丝；丝瓜去皮切片状，备用。
3. 蒜头切片；四季豆去丝及头尾、洗净切段；剩余1/3胡萝卜切条状，备用。
4. 取一内锅，放入炖肉酱汁，再放入做法1的土豆块、牛小排块、胡萝卜块，移入电锅中。
5. 在内锅上架2根筷子，放上一个蒸盘，盘子一半放入做法2的丝瓜片、金针菇、姜丝，另一半放入做法3的四季豆段、胡萝卜条、蒜头片，外锅放2杯水，盖上锅盖、按下开关。
6. 开关跳起后，取出蒸好的四季豆、胡萝卜、蒜片，加盐及1小匙香油拌匀装盘，为蒜片四季豆。
7. 取出丝瓜、金针菇，加盐及1小匙香油拌匀装盘，为金针菇丝瓜。
8. 蒸好的土豆炖肉取出装盘，为土豆炖肉。

土豆炖肉

金针菇丝瓜

蒜片四季豆

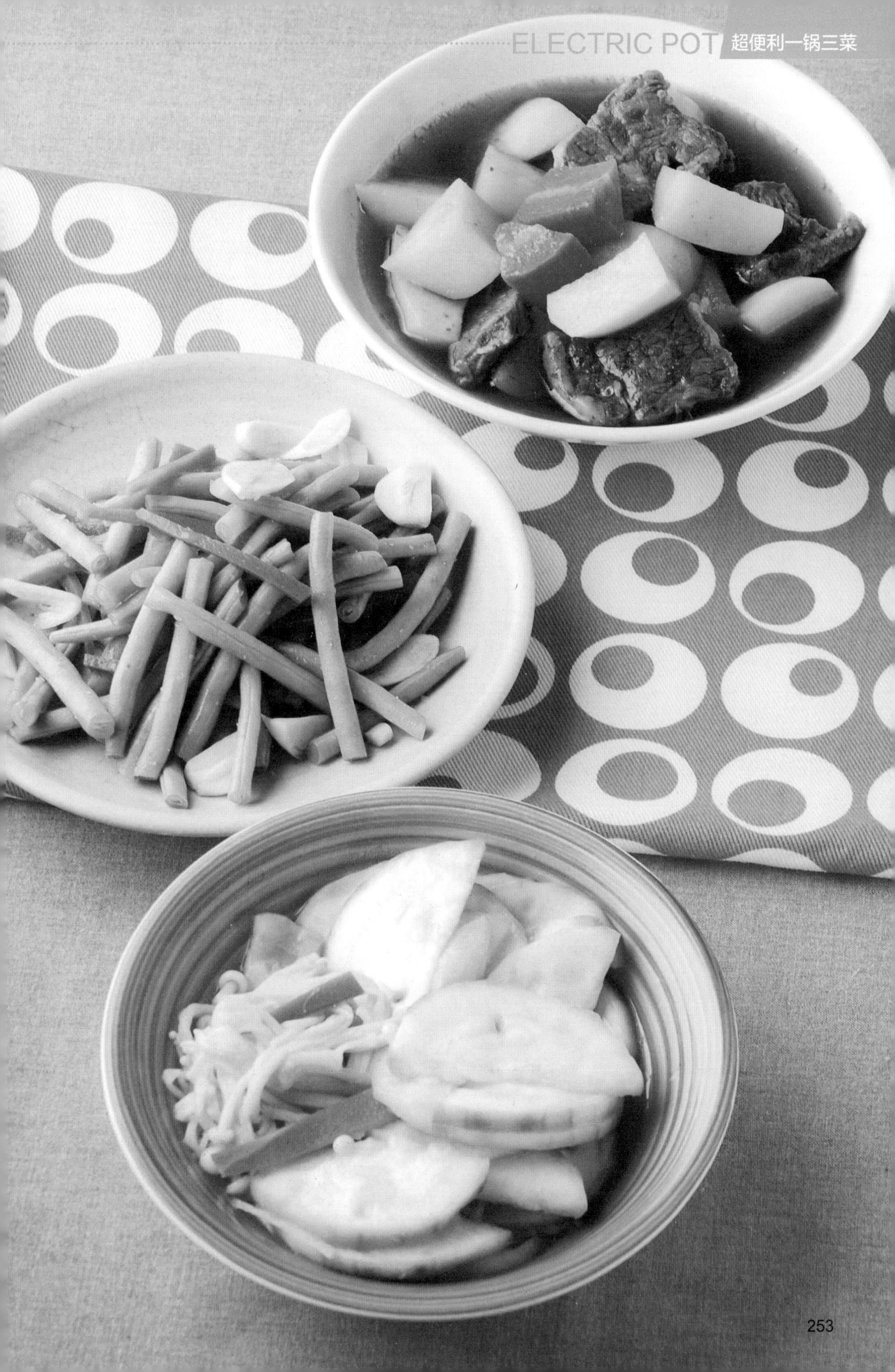

356 香菇肉臊
357 卤豆腐
358 蒜蒸花菜

材料 ingredient

干香菇	4朵	蒜头	2粒
猪肉泥	300克	胡萝卜	50克
红葱酥	30克	花菜	适量
水	360毫升	香油	少许
酱油	100克	盐	少许
素蚝油	60克	香菜	少许
豆腐	2块		
香菜	适量		
酱油膏	适量		

上层：蒜蒸花菜
下层：卤豆腐＋香菇肉臊

做法 recipe

1. 干香菇泡水软化、切丁；蒜头去皮、切末；胡萝卜去皮切段；花菜洗净切小段；香菜洗净、切末，备用。
2. 取一内锅，放入香菇丁、猪肉泥、红葱酥、水、酱油、素蚝油搅拌均匀，放入豆腐后，放进电锅，在内锅上架2根筷子，放上一个平盘。
3. 将做法1的蒜末、胡萝卜、花菜放置盘中加少许盐，外锅放1.5杯水，盖上锅盖，按下开关。
4. 开关跳起后，将蒸好的花菜取出装盘，为蒜蒸花菜。
5. 豆腐取出装盘，淋上酱油膏、撒上香菜，为卤豆腐。
6. 肉臊取出装碗，为香菇肉臊。

蒜蒸花菜

卤豆腐

香菇肉臊

359 卤排骨
360 卤豆干
361 冷笋沙拉

材料 ingredient

腩排	300克	糖	20克
豆干	8片	青葱	2根
姜	15克	绿竹笋	2根
水	300毫升	蛋黄酱	适量
酱油	100克	酱油膏	适量

做法 recipe

1. 腩排用热水冲过；豆干洗净；绿竹笋洗净不剥壳，备用。
2. 姜切姜片；葱1半切段、另1半切葱花，备用。
3. 取一内锅，放入姜片、葱段、水、酱油、糖，放入做法1腩排、豆干后放入电锅中，架上蒸盘，放入做法1绿竹笋，外锅放2杯水，盖上盖子、按下开关。
4. 开关跳起后，取出绿竹笋泡冰水冷却，去壳、切块装盘，淋上适量蛋黄酱，为冷笋沙拉。
5. 卤好的豆干取出、切片装盘，淋上酱油膏后撒上葱花，为卤豆干。
6. 排骨取出装盘，为卤排骨。

上层：冷笋沙拉
下层：卤豆干＋卤排骨

冷笋沙拉

卤豆干

卤排骨

362 牛肉炖萝卜
363 松阪猪肉片
364 白酒蘑菇

材料 ingredient

松阪猪肉·············· 1块
葱····················· 1根
牛小排·············· 100克
白萝卜·············· 1/2个
蘑菇················ 200克

调味料 seasoning

炖肉酱汁·············· 1份
白酒··············· 1大匙
盐··················· 少许
巴西里末············· 少许

淋酱 sauce

酱油··············· 2大匙
白醋··············· 1小匙
糖················· 1小匙
蒜末··············· 1小匙
葱末············· 1/2小匙
辣椒片··········· 1/2小匙

做法 recipe

1. 松阪猪肉整块洗净；葱洗净切段，备用。
2. 牛小排切条；白萝卜去皮切片状；蘑菇洗净切对半，备用。
3. 所有淋酱材料混合拌匀，备用。
4. 取一内锅，放入炖肉酱汁，再放入做法1的松阪猪肉、葱段、做法2的牛肉条、白萝卜条，移入电锅中。
5. 在内锅上架2根筷子，放上一个蒸盘，放入做法2的蘑菇、白酒、少许盐拌匀，外锅放2杯水，盖上锅盖、按下开关。
6. 开关跳起后，取出白酒蘑菇装盘，撒上巴西里末，为白酒蘑菇。
7. 取出松阪猪肉切片；盛盘后淋上做法3的酱汁，为松阪猪肉片。
8. 取出牛肉条与白萝卜装盘，为牛肉炖萝卜。

上层：白酒蘑菇
下层：松阪猪肉片 + 牛肉炖萝卜

牛肉炖萝卜

松阪猪肉片

白酒蘑菇

365 三文鱼蒸饭
366 彩椒肉丝
367 滑嫩蒸蛋

材料 ingredient

白米	2杯
三文鱼	200克
红甜椒	50克
青椒	50克
猪肉丝	50克
蒜头	2瓣
鸡蛋	1个

调味料 seasoning

A.
蒸饭酱汁……………… 1份
B.
米酒……………… 1小匙
白胡椒粉……… 1/4小匙
酱油…………… 1/4小匙
盐……………… 1/4小匙
淀粉…………… 1/2小匙
C.
水……………… 1.5杯
盐……………… 1/2小匙
酱油…………… 1/4小匙

上层：滑嫩蒸蛋
下层：三文鱼蒸饭＋彩椒肉丝

做法 recipe

1. 白米洗净沥干；三文鱼洗净切小块，备用。
2. 红甜椒、青椒洗净切丝；猪肉丝加入所有调味料B抓匀；蒜头切片。将红甜椒丝、青椒丝、猪肉丝、蒜片拌匀，用铝箔纸包裹起来，备用。
3. 取一蒸碗，放入鸡蛋打散，再加入调味料C搅拌均匀，盖上保鲜膜静置，备用。
4. 取一内锅，放入蒸饭酱汁，再放入做法1的白米、三文鱼块，接着放入做法2的铝箔纸包，移入电锅中。
5. 在内锅上架2根筷子，放入做法4的蒸碗，外锅放2杯水，盖上锅盖、按下开关。
6. 开关跳起后，取出蒸蛋撕除保鲜膜，为滑嫩蒸蛋。
7. 取出铝箔纸包、拆除铝箔纸装盘，为彩椒肉丝。
8. 取出蒸饭拌匀后装碗，为三文鱼蒸饭。

三文鱼蒸饭

彩椒肉丝

滑嫩蒸蛋

368 蒜苗旗鱼
369 银杏芦笋
370 双色鸡丝

材料 ingredient

旗鱼⋯⋯⋯⋯⋯ 200克
蒜苗⋯⋯⋯⋯⋯ 1根
银杏⋯⋯⋯⋯⋯ 20颗
芦笋⋯⋯⋯⋯⋯ 150克
鸡胸⋯⋯⋯⋯⋯ 1/2副
小黄瓜⋯⋯⋯⋯⋯ 1/2个
胡萝卜⋯⋯⋯⋯⋯ 100克
蒜末⋯⋯⋯⋯⋯ 1大匙

调味料 seasoning

红烧酱汁⋯⋯⋯⋯⋯ 1份
盐⋯⋯⋯⋯⋯少许
香油⋯⋯⋯⋯⋯ 2小匙

上层：银杏芦笋 + 双色鸡丝
下层：蒜苗旗鱼

做法 recipe

1. 旗鱼肉洗净切块；蒜苗切段，备用。
2. 芦笋洗净切段；鸡胸切薄片状，备用。
3. 小黄瓜切丝；胡萝卜切丝，备用。
4. 取一内锅，放入红烧酱汁，再放入做法1的旗鱼肉块、蒜苗段，移入电锅中。
5. 在内锅上架2根筷子，放上一个蒸盘，盘子一半放入做法2的芦笋段、银杏，另一半放入做法2的鸡胸片，外锅放1杯水，盖上锅盖、按下开关。
6. 开关跳起后，取出鸡胸片剥丝，加入做法3的小黄瓜丝及胡萝卜丝，再加入蒜末、盐及1小匙香油拌匀装盘，为双色鸡丝。
7. 取出银杏、芦笋，加盐及1小匙香油拌匀盛盘，为银杏芦笋。
8. 取出蒜苗旗鱼装盘，为蒜苗旗鱼。

蒜苗旗鱼

银杏芦笋

双色鸡丝

371鱼板蒸水蛋
372德国香肠佐洋葱
373瓜子蒸鲜鱼

材料 ingredient

白肉鱼…………300克	酱油…………1/2小匙
花瓜罐头………1/2罐	鱼板…………5片
青葱…………1根	德国香肠………3根
姜…………15克	洋葱…………1/4个
酒…………1大匙	
鸡蛋…………2个	
水…………250毫升	
盐…………1小匙	

做法 recipe

1. 姜切片；青葱切段；洋葱切丝，备用。
2. 白肉鱼去鳞、洗净切段；德国香肠切段、切花，备用；花瓜罐头倒出花瓜。
3. 取一锡箔纸，放入姜片、青葱段、酒、鱼段、花瓜及酱汁后包起，备用。
4. 鸡蛋加水加盐打散成蛋液，倒入有深度的盘子后，铺上鱼板盖上保鲜膜，放入电锅内。
5. 在做法4盘子上架2根筷子，放上一个平盘，将做法3的锡箔包放置盘中间，将德国香肠放置在盘四周，外锅放1杯水，盖上锅盖、按下开关。
6. 开关跳起后，将锡箔纸打开，取出蒸好的鲜鱼装盘，为瓜子蒸鲜鱼。
7. 德国香肠取出装盘，佐洋葱丝为德国香肠佐洋葱。
8. 蒸蛋取出，为鱼板蒸水蛋。

上层：瓜子蒸鲜鱼＋德国香肠佐洋葱
下层：鱼板蒸水蛋

瓜子蒸鲜鱼

德国香肠佐洋葱

鱼板蒸水蛋

374 香菇蒸鸡
375 清蒸西蓝花
376 奶油蒸玉米

材料 ingredient

去骨鸡腿排	1块
鲜香菇	2朵
葱	1根
西蓝花	1棵
玉米	2根
辣椒片	1大匙
葱丝	少许

调味料 seasoning

红烧酱汁	1份
奶油	1大匙
盐	少许

做法 recipe

1. 去骨鸡腿排整块洗净、用热水冲过；鲜香菇洗净切半；葱洗净切丝，备用。
2. 西蓝花洗净切小朵；玉米洗净沥干，加入奶油及盐抹匀，再包裹铝箔纸，备用。
3. 取一内锅，放入红烧酱汁，再放入做法1的鸡腿排、鲜香菇，移入电锅中。
4. 在内锅上架2根筷子，放上一个蒸盘，放入做法2的西蓝花、铝箔玉米，外锅放1.5杯水，盖上锅盖、按下开关。
5. 开关跳起后，取出玉米、拆除铝箔纸，为奶油蒸玉米。
6. 取出西蓝花，加入辣椒片及少许盐拌匀、盛盘，为清蒸西蓝花。
7. 蒸鸡腿取出切块，加入香菇及汤汁盛盘，撒上葱丝，为香菇蒸鸡。

上层：清蒸西蓝花 + 奶油蒸玉米
下层：香菇蒸鸡

香菇蒸鸡

清蒸西蓝花

奶油蒸玉米

377鲜笋汤
378鸡丝拌黄瓜
379破布子蒸圆白菜

材料 ingredient

鸡腿	1只	破布子	1大匙
竹笋	2根	蒜头	3颗
水	5杯	姜	20克
小黄瓜	1根	香油	少许
圆白菜	200克	盐	少许

做法 recipe

1. 竹笋剥壳切块；小黄瓜洗净切条；蒜头去皮切碎；圆白菜洗净切片；姜切片，备用。
2. 取一内锅，放入竹笋块、水、鸡腿、姜片，在内锅上架2根筷子，放上一个蒸架；将做法1的蒜碎、破布子、圆白菜及少许鸡精拌均匀后包入锡箔纸放在架上，外锅放2杯水，盖上锅盖，按下开关。
3. 开关跳起后，将蒸好的圆白菜装盘，为破布子蒸圆白菜。
4. 取出鸡腿去骨切长条，拌入小黄瓜条、盐、香油装盘，为鸡丝拌黄瓜。
5. 竹笋汤加盐调味，为鲜笋汤。

上层：破布子蒸圆白菜
下层：鸡丝拌黄瓜＋鲜笋汤

破布子蒸圆白菜

鸡丝拌黄瓜

鲜笋汤

380 竹笋蒸饭
381 蒜蒸四季豆
382 蒸墨鱼仔

材料 ingredient

竹笋	1/2根	盐	少许
大米	2杯	墨鱼仔	3条
水	2杯	姜	20克
虾米	20克	葱	1根
油葱酥	20克	蒸鱼酱油	1大匙
蒜头	2瓣	香油	少许
四季豆	200克		

做法 recipe

1. 竹笋洗净切丁；虾米泡水软化沥干；白米洗净；蒜头去皮切末；姜切姜丝；葱切葱丝，备用。
2. 四季豆洗净去头尾、切段，加蒜末及少许盐，包入锡箔纸内，备用。
3. 取一内锅，放入大米及2杯水，放入虾米、竹笋丁，再放入做法2的锡箔包，在内锅上架2根筷子，放一深盘摆入墨鱼仔、姜丝、葱丝、蒸鱼酱油，外锅放2杯水，盖上盖子、按下开关。
4. 开关跳起后，将蒸好的墨鱼仔装盘，为蒸墨鱼仔。
5. 取出锡箔包，打开四季豆盛盘，为蒜蒸四季豆。
6. 蒸好的竹笋饭拌入油葱酥、香油，盛碗为竹笋蒸饭。

上层：蒸墨鱼仔
下层：蒜蒸四季豆＋竹笋蒸饭

蒸墨鱼仔

蒜蒸四季豆

竹笋蒸饭

383 酱烧肉丸
384 豆芽粉丝
385 甜豆虾仁

材料 ingredient

猪肉泥	200克
洋葱末	1大匙
葱末	1大匙
宽粉条	适量
绿豆芽	100克
虾仁	50克
甜豆	50克
香菜	适量

调味料 seasoning

A.

盐	1/2小匙
酱油	1大匙
米酒	1小匙
糖	1/2小匙

B.

米酒	1小匙
白胡椒粉	1/4小匙

C.

炖肉酱汁	1份
盐	少许
香油	1小匙

上层：甜豆虾仁
下层：酱烧肉丸＋豆芽粉丝

做法 recipe

1. 将猪肉泥、洋葱末、葱末，加入所有调味料A搅拌均匀，做成数颗肉丸。
2. 宽粉条泡水软化；绿豆芽洗净沥干；虾仁加调味料B抓匀；甜豆去老丝头尾，备用。
3. 取一内锅，放入炖肉酱汁，再放入做法1肉丸、做法2宽粉条及绿豆芽，移入电锅中。
4. 在内锅上架2根筷子，放上一个蒸盘，放入做法2的虾仁及甜豆，外锅放2杯水，盖上锅盖、按下开关。
5. 开关跳起后，取出虾仁及甜豆，加入少许盐、香油拌匀装盘，为甜豆虾仁。
6. 取出绿豆芽及粉条装盘，撒上香菜，为豆芽粉丝。
7. 取出肉丸及汤汁装盘，为酱烧肉丸。

酱烧肉丸

豆芽粉丝

甜豆虾仁

386 薏米蒸饭
387 芥末鱿鱼
388 蛤蜊蒸圆白菜

材料 ingredient

大米	2杯
薏米	1/2杯
鱿鱼	1条
蛤蜊	10个
圆白菜	1/4个
葱丝	适量

调味料 seasoning

蒸饭酱汁	1份
柴鱼酱油	适量
绿芥末	适量
盐	少许
香油	1小匙

做法 recipe

1. 大米洗净沥干；薏米泡水1小时后沥干，备用。
2. 鱿鱼清除内脏、洗净，备用。
3. 蛤蜊吐沙洗净；圆白菜洗净沥干、切小片，备用。
4. 取一内锅，放入蒸饭酱汁，再放入做法1的大米、薏米，接着放入做法2的鱿鱼，移入电锅中。
5. 在内锅上架2根筷子，放上一个蒸盘，放入圆白菜、蛤蜊，外锅放2杯水，盖上锅盖、按下开关。
6. 开关跳起后，取出圆白菜、蛤蜊，加盐、香油拌匀装盘，为蛤蜊蒸圆白菜。
7. 取出鱿鱼切片，加入葱丝摆盘，搭配柴鱼酱油及绿芥末沾食，为芥末鱿鱼。
8. 取出蒸饭拌匀后装碗，为薏米蒸饭。

上层：蛤蜊蒸圆白菜
下层：芥末鱿鱼＋薏米蒸饭

薏米蒸饭

芥末鱿鱼

蛤蜊蒸圆白菜

389 皮蛋瘦肉粥
390 青葱拌鸡丝
391 鱼板蒸丝瓜

材料 ingredient

米饭	1碗	青葱	2棵
皮蛋	1个	姜	50克
肉泥	100克	红辣椒	1个
鱼板	6片	香油	少许
丝瓜	1/2个	盐	适量
鸡腿	1只		

做法 recipe

1. 青葱一半切丝、另一半切葱花；姜切姜丝；红辣椒切丝，备用。
2. 鱼板切丝；丝瓜去皮切条；鸡腿洗净；皮蛋剥壳切丁，备用。
3. 取一内锅放入米饭、3杯水及肉泥搅拌均匀，再放入鸡腿，在内锅上架2根筷子，放上一个平盘，将做法1的姜丝20克、丝瓜条、鱼板放进盘中加少许盐，外锅放1.5杯水，盖上盖子、按下开关。
4. 开关跳起后，将蒸好的丝瓜取出装盘，为鱼板蒸丝瓜。
5. 鸡腿取出去骨切长条状，拌入剩余30克姜丝、青葱丝、红辣椒丝装盘，加少许盐、香油为青葱拌鸡丝。
6. 瘦肉粥取出，加入皮蛋，加盐调味，撒上葱花、淋上香油，为皮蛋瘦肉粥。

上层：鱼板蒸丝瓜
下层：青葱拌鸡丝＋皮蛋瘦肉粥

鱼板蒸丝瓜

青葱拌鸡丝

皮蛋瘦肉粥

392 芋头炖鸡
393 黄瓜蒜泥肉片
394 柴鱼拌韭菜

材料 ingredient

小芋头	5个
鸡腿	1只
小黄瓜	1根
韭菜	100克
火锅猪肉片	100克
柴鱼片	10克
辣椒	1个

调味料 seasoning

炖肉酱汁	1份
酱油膏	适量

淋酱 sauce

酱油膏	4大匙
冷开水	2大匙
蒜碎	1大匙
香油	1小匙

做法 recipe

1. 小芋头去皮切对半；鸡腿洗净切块，备用。
2. 小黄瓜洗净切薄片；韭菜洗净切段；辣椒去籽切斜片，备用。
3. 所有淋酱材料混合拌匀，备用。
4. 取一内锅，放入炖肉酱汁，再放入做法1的小芋头、鸡腿块，移入电锅中。
5. 在内锅上架2根筷子，放上一个蒸盘，盘子一半放入做法2的韭菜段，另一半放入火锅猪肉片，外锅放2杯水，盖上锅盖、按下开关。
6. 开关跳起后，取出蒸韭菜装盘，淋上酱油膏，撒上柴鱼片，为柴鱼拌韭菜。
7. 取出猪肉片，加入做法2的小黄瓜片及做法3的淋酱拌匀装盘，撒上辣椒片，为黄瓜蒜泥肉片。
8. 取出芋头炖鸡装盘，为芋头炖鸡。

上层：柴鱼拌韭菜＋黄瓜蒜泥肉片
下层：芋头炖鸡

芋头炖鸡

黄瓜蒜泥肉片

柴鱼拌韭菜

395 海带卤肉
396 培根菠菜
397 酱拌茄子

材料 ingredient
五花肉块………… 200克
干海带4段（每段约5厘米）
菠菜………………… 150克
培根………………… 1片
茄子………………… 1个

调味料 seasoning
红烧酱汁…………… 1份

淋酱 sauce
酱油………………… 2大匙
陈醋………………… 1小匙
糖…………………… 1小匙
香菜末……………… 1小匙
辣椒末……………… 1/2小匙

上层：酱拌茄子＋培根菠菜
下层：海带卤肉

做法 recipe
1. 五花肉块洗净、用热水冲过；干海带擦干净，泡水软化，备用。
2. 菠菜洗净切小段；培根切碎。将菠菜与培根碎拌匀用铝箔纸包裹起来，备用。
3. 茄子洗净切条状，用铝箔纸包裹起来，备用。
4. 所有淋酱材料混合拌匀，备用。
5. 取一内锅，放入红烧酱汁，再放入做法1的五花肉块、海带段，移入电锅中。
6. 在内锅上架2根筷子，放上一个蒸盘，放入做法2的铝箔菠菜、做法3的铝箔茄子，外锅放2杯水，盖上锅盖、按下开关。
7. 开关跳起后，取出茄子、拆除铝箔纸装盘，淋上做法3的酱汁拌匀，为酱拌茄子。
8. 取出培根菠菜、拆除铝箔纸装盘，为培根菠菜。
9. 将海带五花肉取出摆盘，为海带卤肉。

海带卤肉

培根菠菜

酱拌茄子

398 萝卜汤
399 蒜泥肉片
400 姜泥南瓜

材料 ingredient

白萝卜	1/2个
嘴边肉	1副
青葱	1支
酒	1大匙
南瓜	200克
姜	30克

调味料 seasoning

盐	少许
蒜头	3瓣
酱油膏	100克
冷开水	20毫升
盐	少许

做法 recipe

1. 姜15克切姜片、15克切姜末；南瓜洗净、去皮切片；白萝卜去皮切块；青葱洗净切段，备用。
2. 蒜头去皮切末，加酱油膏、开水调匀，成蒜泥酱油备用。
3. 取一内锅，放入5杯水、白萝卜、嘴边肉、姜片、葱段、酒，再放入电锅中，在内锅上架2根筷子，放上一个平盘，放上做法1的姜末15克及南瓜片，外锅放2杯水，盖上盖子、按下开关。
4. 待开关跳起后，将蒸好的南瓜加少许盐、姜末、葱末调味，取出装盘为姜泥南瓜。
5. 取出嘴边肉切片装盘，淋上做法2的蒜泥酱油，为蒜泥肉片。
6. 萝卜汤将姜片及葱段取出、加盐调味，为萝卜汤。

上层：姜泥南瓜
下层：蒜泥肉片＋萝卜汤

姜泥南瓜

蒜泥肉片

萝卜汤

401瓜仔肉
402清蒸瓠瓜
403蒜苗香肠

材料 ingredient

酱瓜……………… 1/2罐
肉泥……………… 300克
蒜头……………… 3瓣
水………………… 100毫升
香肠……………… 3根
蒜苗……………… 1根
瓠瓜……………… 1个
鸡精………………少许

做法 recipe

1. 酱瓜切碎；蒜头去皮切末；蒜苗洗净去头切蒜丝；瓠瓜去皮切条，备用。
2. 取一大碗放入肉泥、酱瓜碎，酱瓜汁、水、1/3蒜末搅拌均匀，在大碗上架2根筷子，放上一个平盘，将做法1的蒜末2/3、瓠瓜片及少许鸡精拌均匀后倒入盘中，香肠放置盘旁，外锅放1.5杯水，盖上盖锅、按下开关。
3. 开关跳起后，将蒸好的香肠取出切盘、佐蒜丝装盘，为蒜苗香肠。
4. 取出蒸好的瓠瓜装盘，淋上少许香油，为清蒸瓠瓜。
5. 将蒸好的肉泥取出，为瓜仔肉。

上层：蒜苗香肠＋清蒸瓠瓜
下层：瓜仔肉

蒜苗香肠

清蒸瓠瓜

瓜仔肉

404 鲜菇鸡肉饭
405 肉酱蒸豆腐
406 奶香腿丝白菜

材料 ingredient

白米	2杯
鲜香菇	100克
去骨鸡腿肉	1支
豆腐	1块
罐头肉酱	1罐
葱	1棵
白菜	1/4棵
火腿	1片

调味料 seasoning

蒸饭酱汁	1份
米酒	1大匙
市售白酱	3大匙

做法 recipe

1. 白米洗净沥干；鲜香菇洗净切丁；去骨鸡腿肉洗净、用米酒冲过再切丁，备用。
2. 豆腐洗净切大块；葱切丝，备用。
3. 白菜洗净切丝；火腿切丝。将白菜、火腿与白酱拌匀用铝箔纸包裹起来，备用。
4. 取一内锅，放入蒸饭酱汁，再放入做法1的白米、香菇丁、鸡肉丁，接着放入做法3的铝箔纸包，移入电锅中。
5. 在内锅上架2根筷子，放上一个蒸盘，放入做法2的豆腐，再淋上罐头肉酱，外锅放2杯水，盖上锅盖、按下开关。
6. 开关跳起后，取出豆腐、肉酱摆盘，撒上葱丝，为肉酱蒸豆腐。
7. 取出铝箔纸包、拆除铝箔纸装盘，为奶香腿丝白菜。
8. 取出米饭拌匀后装碗，为鲜菇鸡肉炊饭。

上层：肉酱蒸豆腐
下层：鲜菇鸡肉炊饭 + 奶香腿丝白菜

鲜菇鸡肉炊饭

肉酱蒸豆腐

奶香腿丝白菜

图书在版编目（CIP）数据

蒸煮炖卤一锅搞定 / 杨桃美食编辑部主编 . -- 南京：
江苏凤凰科学技术出版社 , 2016.12

（含章·好食尚系列）

ISBN 978-7-5537-4635-7

Ⅰ.①蒸… Ⅱ.①杨… Ⅲ.①菜谱 Ⅳ.
① TS972.12

中国版本图书馆 CIP 数据核字 (2015) 第 119980 号

蒸煮炖卤一锅搞定

主　　　编	杨桃美食编辑部	
责 任 编 辑	张远文　　　葛　昀	
责 任 监 制	曹叶平　　　方　晨	

出 版 发 行	凤凰出版传媒股份有限公司 江苏凤凰科学技术出版社
出版社地址	南京市湖南路 1 号 A 楼，邮编：210009
出版社网址	http://www.pspress.cn
经　　　销	凤凰出版传媒股份有限公司
印　　　刷	北京富达印务有限公司

开　　　本	787mm × 1092mm　　1/16
印　　　张	18
字　　　数	230 000
版　　　次	2016年12月第1版
印　　　次	2016年12月第1次印刷

标 准 书 号	ISBN 978-7-5537-4635-7
定　　　价	45.00元

图书如有印装质量问题，可随时向我社出版科调换。